四川高寒湿地
遥感监测方法与应用研究

王海军／主　编
孔祥冬　彭培好　罗　洎／副主编

图书在版编目（CIP）数据

四川高寒湿地遥感监测方法与应用研究 / 王海军主编. 一 成都 : 四川大学出版社, 2023.11
（资源与环境研究丛书）
ISBN 978-7-5690-6458-2

Ⅰ. ①四… Ⅱ. ①王… Ⅲ. ①寒冷地区－沼泽化地－环境遥感－环境监测－研究－四川 Ⅳ. ①X87

中国国家版本馆 CIP 数据核字（2023）第 216004 号

书　　名：四川高寒湿地遥感监测方法与应用研究
Sichuan Gaohan Shidi Yaogan Jiance Fangfa yu Yingyong Yanjiu
主　　编：王海军
丛 书 名：资源与环境研究丛书

丛书策划：庞国伟　蒋　玙
选题策划：蒋　玙
责任编辑：蒋　玙
责任校对：胡晓燕
装帧设计：墨创文化
责任印制：王　炜

出版发行：四川大学出版社有限责任公司
地址：成都市一环路南一段 24 号（610065）
电话：（028）85408311（发行部）、85400276（总编室）
电子邮箱：scupress@vip.163.com
网址：https://press.scu.edu.cn
审 图 号：川 S【2023】00033 号
印前制作：四川胜翔数码印务设计有限公司
印刷装订：四川省平轩印务有限公司

成品尺寸：170mm×240mm
印　　张：11.5
字　　数：217 千字

版　　次：2023 年 11 月 第 1 版
印　　次：2023 年 11 月 第 1 次印刷
定　　价：65.00 元

扫码获取数字资源

四川大学出版社
微信公众号

前　言

四川西部地区分布着我国最大的高寒沼泽湿地，特有的地理环境和气候系统孕育了丰富的动植物群落，其也是我国濒危动植物和高寒鱼类的栖息地。由于其地处全球气候变化敏感和生态脆弱地区，加之人类的不合理开发活动，出现了高寒湿地旱化、逆向演替和沙化等生态环境问题。因此，对四川高寒湿地资源更新调查、湿地生态环境监测及湿地时空变化特征进行研究，对于区域生物多样性保护、地球化学循环、气候调节、生物资源开发及民族地区经济发展具有重要意义。四川高寒湿地主要分布在高海拔地区，地形地貌和天气系统对卫星遥感成像特性产生重要影响；地区水热条件时空分异显著，高寒湿地植被生态系统生长季短，导致可以开展湿地资源调查和生态环境监测的最佳遥感窗口期少；多源遥感是进行高寒湿地研究的重要数据源，而利用传统模式进行多源遥感集成、高寒湿地信息提取和时空变化监测的时效性较低。针对四川高寒湿地面临的生态环境问题和省域尺度上多源遥感集成、分析模式的限制，开展四川高寒湿地遥感监测方法与应用研究，为四川高寒湿地生态保护和湿地资源科学开发提供理论参考和技术支持。

本书内容共8章，可以为研究四川高寒湿地的专业人士和职能部门管理者参考，也适用于资源遥感、地图学与地理信息系统、生态学与地理学等相关领域的科技工作者、管理人员及高校师生参考阅读。

本书所列照片、遥感影像等清晰图片均在各章以二维码形式展出。

编　者

2023年6月

目 录

第1章 概 论

1.1 研究背景与意义

1.1.1 研究背景

2015年全球湿地资源面积约为 $5.7\times10^8hm^2$，由于湿地资源利用不合理，导致近八成的湿地面积逐渐消失（赵志龙等，2014；孙志高等，2006；孙广友，2000）。据《拉姆萨尔公约》2018年发布的全球湿地展望（Global Wetland Outlook，GWO）显示，1975—2015年全球湿地面积减少了75%，2000年以后湿地萎缩加速。全球湿地生态系统遭到严重破坏已成为不争的事实（Pennings，2012；Cao et al.，2009；Lemly et al.，2000）。另据世界自然保护联盟（Internation Union for Conservation of Nature，IUCN）在2020年8月发布的一份牛津大学团队最新研究成果显示，2015年以来，全球500个湿地中有22.8%的湿地发生面积萎缩，大多发生在经济欠发达地区（Mc Innes et al.，2020）。因此可以看出，目前全球范围内湿地生态系统面临的形式十分严峻，湿地资源的深度研究和科学保护策略制定迫在眉睫。

我国湿地资源面积约为 $5.635\times10^7hm^2$（国家林业和草原局，2022），约占世界湿地面积的9.4%。我国自1992年加入国际湿地公约组织以来，进行了两次国家尺度的湿地资源调查。1995—2003年，我国开展首次全国湿地资源调查，对我国境内面积大于 $100hm^2$ 的湿地资源开展调查，结果显示，我国湿地资源储量为 $3.85\times10^7hm^2$（不包含水稻湿地）（国家林业局，2004）。2009—2013年，我国进行第二次全国湿地资源调查（大于 $8hm^2$），结果显示，我国湿地总面积为 $5.36\times10^7hm^2$（不含稻田面积 $3.01\times10^7hm^2$）。对两次湿地调查结果进行计算口径转化，结果表明，2003—2013年我国湿地面积锐减 $3.34\times10^6hm^2$（减少率为9.33%）。此外，调查显示湿地受到的胁迫压力进一步加大，胁迫频次增加了38.71%（国家林业和草原局，2014）。由此可以看出，我国正面临湿地减少和湿地生态破坏的严峻问题。因此，进行科学的湿地资源更新调查、湿地生态环境监测及其变化驱动力机制研究十分必要。此外，由国家林业和草原局主办的《第三次全国湿地资源调查技术规程》研讨会于2017年10月在长沙顺利召开，此次会议着重对第三次湿地资源调查的技术规范进行了修改完善，强调湿地资源调查和监测中多平台遥感技术和地理空间信息技术的重要性。

高原湿地约占全国湿地面积的41.2%，主要分布在青藏高原、蒙新高原和云贵高原。为了对高原湿地资源进行更好的保护和科学开发，中国湿地资源保护协会于2019年12月在昆明成立了高原湿地保护专业委员会，这进一步体现了高原地区湿地生态系统保护的重要性。川西地区地处青藏高原东缘（Wang et al.，2019），分布着我国最大的高原高寒沼泽湿地（赵魁义，1999）和优质的天然高山草甸牧场。由于其地处全球气候变化敏感和生态脆弱区（姚檀栋，2019；谢高地等，2003；孙鸿烈等，2012），加之人类的不合理开发活动，造成了高寒湿地旱化、逆向演替和沙化问题（李飞等，2018；李斌等，2008；邓茂林等，2010）。为了保护川西地区动植物多样性和建立国家生态安全屏障，若尔盖草原湿地在2000年被列入《中国湿地行动保护计划》。此外，在“十二五”期间发布的《全国主体功能区规划》（2011年6月）将川西若尔盖高原和川—滇毗邻区列入国家重点生态功能建设区并限制开发，建立了若尔盖草原湿地生态功能区和川滇森林及生物多样性生态功能区，覆盖川西大部分区域。该地区分布着我国最大的高寒沼泽湿地和大量高寒湖泊湿地，对于生物多样性和气候变化研究具有重要意义。2017年4月，四川省发布的《“十三五”生态保护与建设规划》有效衔接了主体功能区中对上述两个生态功能区的保护。同时将建设布局细化，实现“四区八带多点”的生态安全战略，其中“八带”是将金沙江、雅砻江、岷江—大渡河等八大水道与河流湿地区作为生态保护和水土保持的重点区域。2020年四川省国土空间规划已编制完成，其中将川西北地区列为生态示范区国土空间规划。由此可见，整个川西地区从区域尺度到流域尺度的生态环境保护和生态屏障构建均被纳入国家层面重点研究和建设序列。

1.1.2 研究意义

为实现全球范围的自然资源可持续利用，1980年，在联合国规划署（UNEP）推动下签署通过由国际自然保护联盟（IUCN）编撰的《世界资源保护大纲》，对湿地资源保护目标、措施进行了系统阐述，并将湿地—森林—海洋生态系统合称为地表三大生态系统（温庆可等，2011；IUCN，2001；Myers et al.，2000）。借此，有关湿地的研究和保护得到了世界范围的关注。湿地生态系统是地球表面最具有活力和生产力的生态系统（崔保山，2006），具有涵养水源、控制碳平衡和维持生物多样性等重要作用。湿地与其存在的环境相互作用、相互依赖，可以季节性调节洪峰和补充地下水资源，水淹厌氧环境下湿地土壤可以封存大量的有机碳，进而控制CO_2的平衡（Chmura et al.，2003；Mitra et al.，2005），为野生鸟类和鱼类提供良好生境，维持区域生物多样性。相反，如果湿地受到自然和人类活动的影响而退化，则会造成草地沙化和水土流失，使原生湿地动植物群落遭到破坏。因此，保护湿地资源，尤其是生态脆弱地区湿地资源，对于维护地区生态安全具有重要意义（崔保山等，1999；汪小钦等，2014）。

川西地区分布典型的高寒草甸和世界独有的青藏高原高寒湿地（杨永兴，2002b；侯蒙京等，2020），发育着我国最大的沼泽湿地——若尔盖沼泽湿地（赵魁义，1999）。特有的环境孕育了丰富的动植物群落，也是我国濒危动植物和高寒鱼类物种最后的栖息地，如高寒水韭、芒苞草、黑颈鹤（中国植物数据库，2020；Scott，1993）。加之地处全球气候变化敏感和生态脆弱地区（姚檀栋，2019；谢高地等，2003；孙鸿烈等，2012），该地区湿地资源的调查、湿地生态环境的监测及湿地时空变化驱动力机制的研究对于区域生物多样性保护、地球化学循环、气候调节（赵志龙，2014；刘志伟，2019）、生物资源开发及民族地区经济发展具有重要意义。此外，从国家资源保护战略层面来看，四川高寒湿地生态功能区、川西南典型森林和生物多样性功能区对于国家构建西部地区生态安全屏障具有重要意义。

1.2 国内外研究进展

随着传感器的技术进步和遥感数字产品的丰富，遥感作为一种数据源和技术方法已成为地表覆被分类、陆地资源调查及长时间序列植被变化监测的重要手段。尤其是近十年大数据（Big Data）和云计算（Cloud Computing）技术的进步，其可以集成海量遥感数据进行快速处理和分析，大大提高了地表信息提取的时效性，为大尺度区域资源调查和地表过程监测提供了丰富的数据源和处理手段。湿地作为一种重要的生态系统，零散分布在地球表面，对区域乃至全球生物多样性和碳循环具有重要调节作用。高寒湿地作为湿地系统的重要组成分布，其主要分布地表高海拔或高纬度地区，受区域水热条件季节性变化的影响明显。同时，其对区域气候变化、人类活动的影响较为敏感，极易受到外部因素的干扰并发生退化。湿地变化往往作为区域生态环境变化的指示剂，而区域生态环境变化又反作用于湿地生态系统，因此，对于高寒湿地资源时空变化调查及湿地生态环境变化监测十分必要。结合本书主要研究内容，对近年来国内外遥感湿地分类系统构建、遥感大数据云计算、高寒湿地遥感分类与信息提取、高寒湿地生态环境变化监测及高寒湿地时空变化机制和趋势模拟进行了文献追踪。同时系统阐述了相关研究内容、方法的研究进展及存在的问题，为本书的撰写提供了理论和技术支撑。

1.2.1 高寒湿地遥感分类与信息提取研究

1.2.1.1 国外研究进展与评述

Mahdianparia 等（2018）使用 PolSAR 数据，构建了以影像原始特征、目标解混、费舍尔线性分析为特征量的三种场景。使用 OBIA 方法对湿地信息进行提取，同时借助光学遥感和野外调查数据进行验证，结论是费舍尔线性特征分类总体精度最高（92.17%）；Deventer 等（2019）使用 Rapid Eye Level 3A（5m）数据，对研究区季节性湿地利用最小二乘 RF 分类器分类，并对分类结果进行验证。四个季节中，秋季湿地分类精度最低，Kappa 系数为（79±3.4）%，冬季分类精度最高，Kappa 系数为（86±3.1）%；Mahdianparia 等（2017）构建面向对象随机森林分类方法，使用多极化 SAR 数据（L 波段的 ALOS－2 和 C 波段的 RADARSAT－2）进行多层次分类（类似决策树）。首先将水域和非水域分开，其次将水域分为深水和潜水湿地，最后将草本湿地划分为低沼泽湿地和高沼泽湿地。通过野外采集样本数据验证，该方法分类精度达到了 94%；Wilusz 等（2017）利用较低分辨率的 ENVISAT－C 波段 SAR 数据，通过设置影像阈值分类方法，将湿地划分成开阔水域、干裸地和湿植被。精度验证主要是通过其他湿地专题和 Landsat 光学影像监督分类结果叠加分析。Slagter 等（2020）使用随机森林分类器，综合 Sentinel－1 和 Sentine－2 雷达和多光谱数据来完成研究区湿地类型、植被结构和湿地水文分类。结果表明，集成两种数据进行湿地分类效果好于单一数据分类。单一的 Sentinel－1 数据无法较好识别出高植被湿地和冠层下的水域，分类精度为 87.1%。相比而言，Sentinel－1 适合识别湿地植被类型，而 Sentinel－2 适合一般湿地的检测。Tao 等（2018）利用 UAS 多视角信息 OBIA（MV－OBIA）方法执行湿地分类，并将分类结果与传统的 OBIA 方法进行比较。结果表明，湿地分类精度与传统

OBIA方法相比有显著提高，分类效率更高。Reese等（2014）使用SPOT数据以及SPOT提取的NDVI和NDII指数，利用随机森林分类算法对高寒草地分类，并利用机载激光雷达数据进行植被结构和密度分析。结果表明，集成SPOT和激光点云数据分类精度远高于单一SPOT数据分类。Paula等（2020）利用Landsat TM数据提取了NDVI、NDWI和NDBI，使用ANN（Artificial Neural Network）方法执行湿地分类。Bhatnagar等（2020）使用Sentinel−2数据10个波段和提取的NDVI、EVI、NDWI，整合BTE分类器和图像分割方法开展湿地群落和结构分类。该方法的湿地分类总体精度为87%，并认为分类精度与湿地湿地植被群落大小有关联。Vittorio等（2018）使用MODIS−500m−8天合成的地表反射率数据和实测数据，计算MNDWI和NDVI，并使用非参数距离测量的方法，进行湿地季节变化和年际变化制图研究。通过对湿地分类结果的验证，表明该种非参数分类方法提取湿地的效果较好。Amani等（2018）集成Rapid Eye、Sentinel−2A、ASTER和Landsat 8光学遥感数据，通过对这些数据的光谱波段进行计算和分析，对湿地分类结果进行*T*检验和*U*检验。结果表明，NIR波段对湿地类型识别效果最好，其次是红外波段。同时也证明光谱波段比值计算和指数信息对湿地分类具有很好的潜在用途。Taddeo等（2019）利用湿地植被的光谱植被指数来研究湿地植被结构、组成和空间分布。该研究主要是利用Landsat TM/ETM+数据提取植被光谱指数，具体为LSWI、EVI、SAVI、GCC、NDVI和GNDVI。同时利用U. S. EPA′s湿地站点采样数据集与提取的光谱指数进行回归分析，研究光谱指数与站点采样数据之间的关系，进而利用光谱指数来分析美国全国尺度的湿地结构和组成。研究结果表明，NDVI和GNDVI对基于站点样本集中湿地植被结构和组成变化最为敏感，而其他光谱指数的响应则随着湿地植被结构的不同而不同。Weise等（2020）使用ESA基于哨兵卫星数据建立的SWOS（湿地观测服务）数据来提取湿地面积，该研究介绍了SWOS建立的目的在于进行国家尺度的湿地资源调查，进而维持国家湿地生态资源的可持续发展。该服务提供一些湿地数据产品（SDG）及产品处理工具，以一个案例形式全面介绍了SWOS的应用过程，为湿地面积调查提供了更多选择。Rebelo等（2017）整合Landsat系列卫星数据和典型地区的航空影像，利用SVM分类方法，对景观尺度的棕榈滩湿地面积进行调查，调查精度为79%，棕榈滩湿地景观变得更加破碎化。

通过对国外湿地遥感分类和信息提取方面的文献进行研究，发现具有以下几个特征：①国外研究将SAR数据引入了湿地分类研究，SAR数据可以不受天气系统的影响，对湿地植被结构识别具有较好的效果。该数据对湿地水文特征的分析相对于光学遥感数据更有优势。此外，由于国外高分辨率商业遥感卫星发展比较成熟，所以较多研究使用 Rapid Eye 高分辨率数据和部分航空影像。也有研究高度整合了 SAR 数据和光学遥感数据。②较多的研究使用 NDVI、NDWI 光谱指数和光谱分析分量，基于光谱指数再利用一些分类器（SVM、OBIA）来提取湿地信息。而更多学者仍然使用较为通用的 Landsat 系列卫星数据和 MODIS 相关产品开展湿地研究。③研究内容主要集中在湿地面积、群落结构、水文动态、植被时空动态等方面。④遥感大数据集成方面的研究文献较少，使用云计算进行湿地遥感信息提取的成果相对较少。

1.2.1.2 国内研究进展与评述

国内利用多源遥感分类来提取湿地信息主要有以下研究。李伟娜等（2017）利用 ESA 的 CHRIS 数据在三江源地区完成对高寒沼泽湿地植被生物量的估算。结果表明，高寒沼泽湿地植被生物量对角度具有一定敏感性。刘焕军等（2017）利用 MODIS NDVI 数据进行气候分区，并采用 OBIA 分类方法对大兴安岭地区高寒湿地进行提取，认为基于 MODIS 数据综合特征的面向对象方法提取湿地信息具有较高精度。孟祥锐等（2018）基于神经网络（CNN）开展草本湿地遥感影像分类研究，并和支持向量机（SVM）分类方法进行对比分析。结果表明，CNN 分类方法全局精度高于 SVM 分类方法 5%左右。侯蒙京等（2020）应用 RF 算法对若尔盖高寒湿地区土地覆被进行遥感分类，使用高分一号（GF－1）遥感数据，利用 RF 算法整合影像多种光谱特征进行湿地分类实验。结果表明，湿地分类总体精度为 90.07%，认为 RF 分类方法适合高寒湿地区地表覆被分类。李伟（2011）利用高光谱 CHRIS 数据完成高寒湿地信息提取的关键技术研究，在青海省隆宝滩湿地区利用 ESA－CHRIS 高光谱数据，基于多角度影像计算 NDVI，并采用 SVM 方法对湿地信息进行提取，提取结果的 Kappa 系数达到 0.9204。孟祥锐（2019）使用 DL 分类方法对淡水湿地开展详细分类研究，利用 Sentinel－2 和 GF－2 多光谱数据，构建 SVM－CNN 复合分类算法对五大连池地区高寒湿地信息进行提取。结果表明，SVM－CNN 复合分类算法的信息提取精度高于单一 SVM 和 CNN 方法，尤其是对水生植被的提取精度有很大提高。为实现草本湿地的精细分类，对 GF－2 数据做了 G－S、NDD 和 HPF 方法数据融合，其中 G－S 图像融合效果最好，能保留更多空间和光谱信息。赵志龙（2014）对 Landsat TM/ETM 影像波段的相关性进行分析，选取最佳光谱特征，利用经典监督分类和 OBIA 算法对羌塘地区高寒湿地开展信息提取。结果表明，OBIA 方法更适合高寒湿地分类，其中沼泽湿地提取精度最高，并克服了冰雪覆盖和山体阴影对分类的影响。严婷婷（2014）构建森林沼泽分类决策树模型，联合 ALOS Pal－SAR 合成孔径雷达数据和 Landsat ETM＋光学遥感数据提取森林沼泽湿地信息，提取总体精度为 85.5％，其中 SAR 数据对湿地水文信息提取贡献度大于 ETM＋数据。杜敬（2017）建立复合尺度 ANN 湿地检测模型，并与 NDWI 和 K－T 分析的 Wetness 分量融合，完成湿地信息提取。结果显示，基于深度学习多尺度模型湿地提取精度高于传统监督分类算法。Murefu（2019）利用 GEE 云计算平台开发适用于湿地分类的 App，使用 MODIS MCD12Q1 土地覆被产品作为湿地分类训练样本，整合 CART、RF 和 SVM 分类算法对 Landsat 数据进行分类，同时利用 MNDWI 水体指数通过数据挖掘方式来提取湿地信息。张舒昱等（2020）选取四个季节无人机影像数据，采用 OBIA 和决策树分类组合的方法进行湿地信息提取，湿地分类精度为 91.7％，表明无人机获取的高分辨率数据对小尺度湿地具有较好的效果。

利用光谱计算技术提取湿地信息主要有以下研究。杜卫平等（2019）以 Landsat 8 OLI 为数据源提取多种植被指数，并构建生物量和植被指数的相关性分析模型，对新疆天鹅湖湿地生物量进行估算。张吉平等（2011）利用 OBIA 方法对长江源地区高寒湿地面积进行提取，主要通过 Landsat TM 数据提取 NDWI 指数和 K－T 分量，并结合 DEM 利用 OBIA 方法（ENVI－ZOOM、ERADAS－IMAGE）进行湿地信息提取，该方法较好地实现了湿地信息提取，总体精度达到 89％。邹文涛等（2011）利用 TM 数据提取 NDWI，并整合 K－T 变换的绿度和湿度分量进行决策树分类提取，湿地信息提取精度 Kappa 系数与传统监督分类相比提高了 0.14。詹国旗等（2018）通过对GF－2 数据进行融合，提取 NDVI、NDWI 指数和 PCA 分量，并对结果进行多尺度分割，采用 RF 执行分类，湿地分类精度达到 0.9177，精度高于 K－NN、SVM 和 CART 分类结果。邹丽玮等（2018）利用 Landsat 8 ETM＋/OLI 数据提取 NDVI、NDWI 和 K－T 变换的湿度分量，并对特征优选处理进行湿地提取，优选处理减少了数据冗余量，提高了信息提取效率，分类精度达到 0.91。

通过对国内近十年高寒湿地遥感光谱信息提取研究现状进行总结分析发现，国内研究主要集中在保护区（小尺度）范围内，利用多源遥感数据进行分类和光谱指数湿地信息提取。数据源大多使用的是 Landsat TM/ETM 和 MODIS 产品，其次是国产卫星数据（GF 系列）和无人机航拍数据，较少研究使用 ESA 高光谱和哨兵数据；湿地分类和信息提取方法主要为传统的监督分类（SVM、CART）、OBIA 和深度学习算法，也有部分研究使用了光谱技术进行影像特征选择，在此基础上进行监督分类，而融合传统监督分类、OBIA 和深度学习方法的文献较少；遥感数据处理平台主要是桌面工具（ENVI、ERDAS），少部分研究使用基于桌面软件二次开发的算法，而高寒湿地遥感分类和信息提取中使用遥感大数据云计算技术较少。

1.2.2 高寒湿地生态环境变化遥感监测研究

湿地生态环境包括自然环境（水文、地质、大气）、湿地景观、生物多样性、湿地生态功能、生物安全（黄文书等，2020）。应奎（2020）对岩溶槽谷流域生态环境质量的遥感评价，主要从植被覆盖度、地形、湿热状况三个方面进行，徐菲（2017）对西藏多庆措流域高寒湿地生态环境演化开展了研究，以三期遥感数据为基础，对湿地面积和类型变化、植被覆盖度变化以及人类和气候对湿地生态环境影响方面进行了研究。周林飞（2007）和王兴菊（2008）分析了扎龙湿地演变的驱动力因子及其水文生态响应，对降水和径流变化采用时序周期方差外推法，并利用灰色关联法计算湿地图斑面积和气温、降水变化的关系，证实了湿地变化与气候因子具有较高的相关性，月最高气温和上游来水量是湿地面积变化的重要驱动力。王晴晴（2017）从景观生态学角度，使用 1995 年、2005 年、2013 年三期 Landsat 遥感数据提取湿地景观格局信息，利用压力—状态—响应（PSR）模型建立湿地环境评价指标系统计算出三期的湿地生态环境综合评价指数 CEI，并利用该指数对湿地生态环境进行评价和分级。王荣军（2012）从环境科学角度，基于 PSR 模型对张掖北郊湿地生态环境质量进行评价，其定义压力指标为人类密集度和污染指数，状态指标为景观指数和植被指数，响应指标为景观破碎化和湿地面积变化。廖丹霞（2014）使用 PSR 模型从自然地理学角度对洞庭湖湿地健康状态进行了分析，并研究湿地环境对鸟类生境的影响，其评价指标体系中的压力指标为人类干扰，状态指标为 NDVI 和水域面积，响应指标为湿地面积变化。有较多学者使用 PSR 改进模型 DPSIR（驱动—压力—状态—影响—响应）进行湿地生态环境质量研究，例如，夏热帕提等（2019）、王贺年等（2019）使用水文、气候、社会经济和土地利用覆盖数据，利用 DPSIR 模型和层次分析法（陈菲莉等，2013；张露凝，2017；赵晶，2016）对湿地生态环境脆弱性开展评价并进行分级研究；向莹（2016）对红碱淖湿地生态环境变化与遗鸥数量变化关系进行了研究，在分析湿地生态环境变化时，主要分析了 NDVI、NDWI 和湿地类型的变化，利用遗鸥数量变化作为重要指标来反映该地区湿地生态环境变化趋势；刘世存（2020）利用相关性分析法对白洋淀生态环境变化进行研究，通过对白洋淀地区水文特征、水量、水质、水生生物量变化来分析该地区湿地生态环境变化；邵秋芳（2019）对若尔盖湿地生态环境进行研究，构建了气候、土壤、植被、地质灾害等评价指标，对多个指标采用非线性趋势分析法进行趋势检测，通过多个指标的综合判定来分析该地区生态环境的变化；毛晓茜（2020）在对洞庭湖湿地生态环境评价中使用压力、环境、生物、景观等指标，其二级指标包括人口、土地利用、水质、土壤污染、鸟类、森林覆盖度等。

通过分析文献发现，对湿地生态环境进行系统研究的文献较少，湿地生态环境的定义也不同。国内对湿地生态环境研究主要可以概括成两类：一类是将PSR模型引入湿地生态环境评价，通过构建压力、状态、响应指标体系来分析湿地生态健康；另一类是将湿地生态环境分解成多指标体系，包括气候、水文、外部干扰等因素，通过分析多个指标来判断湿地生态环境的总体状况。国外将湿地生态环境作为独立研究对象的较少，主要是将其与湿地变化成因研究进行结合。目前国家标准和规范中对湿地生态环境没有具体界定，但在《国家重要湿地确定指标》（GB/T 2635—211）和《湿地生态风险评估技术规范》（GB/T 2764—2011）中对重点湿地风险评估建立较为详细的指标体系，主要包括气候条件、水文状况、土壤类型、植被覆盖、人类活动等。因此，本书在对四川高寒湿地生态环境遥感分析中，重点参考GB/T 2635—211和GB/T 2764—2011，同时结合四川高寒湿地分布的地理环境特征，构建四川高寒湿地生态环境变化遥感监测指标体系。

1.2.3 高寒湿地时空变化特征与情景模拟研究

1.2.3.1 国外研究进展与评述

Debanshi等（2020）通过Landsat数据的光谱波段构建了Rm－NDWI指数，优化了NDWI对水域和陆地边界识别精度，利用该指数的ANN－CA模型对印度恒河三角洲湿地变化进行模拟，采用受试者工作特征曲线ROC和K系数对模拟结果进行验证。该方法适用于湿地变化驱动机分析和趋势模拟，并认为未来十年该地区70%的湿地会萎缩60%左右。Tiné等（2019）使用CA模型基于Landsat多期遥感数据预测了加拿大魁北克地区的湿地变化趋势，当分析湿地变化驱动力因子贡献度时，采用因子与湿地之间的Logistic回归系数。Paula等（2020）使用1997年、2007年和2017年三期Landsat TM/

ETM+数据提取了NDWI、NDVI、NDBI。基于NDWI的变化趋势，以NDVI和NDBI为动力参数，使用ANN－CA模型模拟了2027年该地区的湿地面积变化情况。Ansari等（2019）使用IDRISI－GIS工具在伊朗梅根湿地采用三期Landsat多光谱数据和六类驱动力因子数据，利用ANN－Markov链分析完成梅根湿地驱动机制和变化模拟研究。

1.2.3.2 国内研究进展与评述

陈柯欣等（2019）使用1996年、2006年、2016年三期遥感数据基于CA－Markov和LCM模型对黄河三角洲湿地景观变化进行研究。在相同的驱动力因子条件下，LCM和CA－Markov各具特点，其中LCM适合空间分布模拟，而CA－Markov在数量模拟上效果好，其认为，当研究尺度较大时，可以耦合两种模型。张美美等（2013）构建了CNN－CA模型对宁夏银川湿地时空变化驱动力进行研究，降水量是影响河流湿地和湖泊湿地的主要因素，人类活动对水田和坑塘湿地的影响更明显。侯蒙京等（2020）在青藏高原沼泽湿地时空变化驱动力机制研究中，使用1991—2016年四期Landsat卫星数据，计算出湿地面积转移矩阵，并采用景观指数分析景观格局的变化，同时使用灰色关联法分析了湿地动态的驱动力因子。结果显示，人类活动是导致沼泽湿地面积萎缩的主要原因，其次是气候。崔丽娟等（2013）对若尔盖高寒沼泽湿地样本进行调查，利用CCA和相关性分析统计法对沼泽湿地植物群落与环境因子之间的关系进行分析。结果表明，湿地生物多样性随着水域面积减少呈现增加趋势，水源是影响植物分布的关键因子，其次是啮齿动物的活动。陈永富等（2012）利用多期TM遥感数据对三江源高寒湿地近20年的动态变化进行驱动机制分析，研究过程中将湿地划分成水域、河漫滩、低覆盖、中覆盖、高覆盖草本湿地，利用景观指数法对湿地景观多样性指标进行分析，该研究揭示了三江源湿地景观尺度的生物多样性呈现下降趋势。徐菲（2017）利用1995—2015年多期遥感数据对西藏多庆措流域高寒湿地面积、景观格局变化及生态环境演化进行分析，驱动该湿地变化的主要因素是气候和人类活动。井云清等（2016）利用多景Landsat卫星数据，基于CAM模型对新疆艾比湖湿地变化进行研究。结果表明，新疆艾比湖湿地盐碱化趋势较明显。刘冬等（2016）对雅鲁藏布江高寒湿地变化与气候耦合关系进行了研究，使用1980年、1990年、2000年、2010年四期Landsat和HJ1A/B卫星数据提取了流域湿地面积信息，并将湿地面积变化与气候、水文要素进行相关分析，认为年均气温和年均最高气温与雅鲁藏布江湖泊湿地面积变化显著相关。此外，水利水电设施的建设是整个流域人工湿地增加的主要驱动力。杜际增等（2015）使用1969年的航片和1986年、2000年、2007年、2013年的Landsat卫星数据对三江源地区高寒湿地时空变化特征进行分析，利用灰色关联度和主成分分析方法对高寒湿地退化与气候、人为因素进行了贡献度分析，认为三江源地区高寒湿地面积减少了19.16%，湿地退化与气候变化具有时间同步性，其中气温升高是高寒湿地退化的主要原因。刘甲红等（2018）构建了Markov-CLUES耦合模型，并在自然增长、经济建设、粮食安全和滩涂资源保护四种情境下模拟了杭州湾湿地演变趋势。通过对模型进行实验和验证，得出该耦合模型的总体模拟精度为86%，适用于区域尺度的湿地变化模拟。刘雁（2015）利用CLUE-S模型对吉林西部湿地进行了时空变化驱动力机制研究，基于多期Landsat影像的湿地分类数据和站点尺度的驱动力因子，利用逻辑回归分析构建湿地分布与驱动力因子之间的回归关系，并使用ROC检测回归分析的拟合效果，以回归系数作为驱动力因子的贡献度，结果采用Kappa系数进行验证。陈西亮等（2015）对湿地变化的驱动力因子（自然因素和经济因素）与湿地动态变化进行相关性分析，利用LCA和PSO-CA两种模型对深圳湿地变化进行模拟研究。结果表明，LCA的模拟效果优于PSO-CA，湿地向非湿地转化较多。

1.2.3.3　国内外研究差异评述

通过对国内外湿地变化驱动力机制和趋势模拟相关文献进行分析，可以看出，国内外相关研究主要有以下特征：主要使用长时间序列遥感数据（如Landsat系列）进行湿地分类，对分类结果进行叠加分析来获取湿地变化的空间分布；湿地变化驱动力机制研究方面，主要通过构建湿地面积变化、景观变化、水文变化与驱动力因子之间的相关关系、回归关系来分析湿地变化的主要驱动力，还有研究使用PCA和CCA来分析湿地变化的主导因子；湿地变化趋势模拟方法主要有CA（ANN-CA/LCA/PSO-CA）模型和CLUE-S模型，先对多期遥感数据（间隔相等）进行湿地信息提取，并计算不同时期湿地面积转移矩阵，整合驱动力因子和面积转移矩阵，利用CA或CLUE-S模型进行预测，也有部分学者使用NDWI指数变化表征湿地变化，并用NDVI和NDBI作为动力参数，通过CA模型进行湿地变化模拟。由上述分析可以看出，国内外研究在湿地变化驱动力机制和趋势模拟方法上基本一致，研究主要使用单一数据源、单一方法进行。

1.2.4 四川高寒湿地研究面临的问题和挑战

通过对高寒湿地遥感分类与信息提取、高寒湿地生态环境变化遥感监测和湿地时空变化驱动力机制等方面的文献追踪和分析，结合四川高寒湿地的自然地理和社会经济特点，对四川高寒湿地遥感监测和驱动机制研究目前存在的问题和挑战进行阐述。

(1) 对于四川高寒湿地的传统研究主要集中在中小尺度，共性在于利用一个典型样本来探讨湿地的变化，研究结果缺少宏观性和可比性。四川高寒湿地分布较为零散且存在明显差异，在中小尺度上无法客观解释湿地演变机制。因此，对于四川高寒湿地研究应该整合多源遥感数据及产品，通过数据融合与尺度转换的方式来进行多维度研究。

(2) 湿地演变研究依赖于长期的数据积累，多源遥感（光学、雷达）历史存档数据是湿地变化监测和驱动力分析的重要数据源。川西地区一个时间节点、一种光学遥感数据体量约为40GB，而湿地变化监测需要长时间序列、多种数据源集成来完成。传统数据分析过程包括数据下载、程序安装、数据分析等处理程序，处理周期的增加大大降低了数据的时效性。

(3) 四川高寒湿地空间分布区地理跨度大、地形复杂、地物斑块破碎，以往通常使用30m空间分辨率的遥感数据，无法更好地满足湿地分类和提取的精度要求。进行湿地遥感分类前需要进行数据融合来提高影像分辨率，大量影像波段融合给传统数据融合模式带来了挑战。

(4) 传统的湿地生态环境变化监测主要是依赖站点监测数据和统计数据。而四川高寒湿地分布区地表监测站较少且密度稀疏，属地统计数据又缺乏标准化处理，诸多因素限制了高寒湿地生态环境变化监测的高效进行。

(5) 多源遥感分析和空间统计模型的运行需要计算机具有较强的计算力，即便是可以通过组建小型工作站来提高运算速度，但对于普通的研究者来说，所花费的成本将会使研究搁浅。可以看出，传统湿地研究模式无法更好地满足大尺度湿地变化监测与模拟。因此，采用新思路和新模式开展高寒湿地研究才能更好地实现大尺度高寒湿地时空变化遥感监测和模拟研究。

1.3 研究内容与结构安排

1.3.1 研究内容

（1）复合尺度高寒湿地信息遥感提取。以云计算平台和机器学习为基本工具和方法，整合国内外重点型号的陆地资源卫星数据，设计一套适合四川高寒湿地的信息提取方案，并对方案的技术可行性进行实验和论证，尤其是信息提取精度和效率问题。通过该方案对四川高寒湿地开展湿地信息提取和湿地资源估算，并完成复合尺度高寒沼泽湿地和高寒河流—湖泊湿地的空间可视化。该工作旨在通过多源遥感云计算方法来提高传统湿地资源调查与信息提取的时效性，为第三次四川湿地资源调查进行技术探索。

（2）高寒湿地生态环境遥感监测。结合川西地区的区域地质、自然地理、社会经济特点，参考国家重点湿地生态环境指标监测规范，利用国际开源卫星驱动数据产品构建四川高寒湿地生态环境监测指标体系。在遥感大数据云计算框架下，依据高寒湿地生态环境监测指标体系，使用长时间序列趋势变化检测模型进行四川高寒湿地生态环境变化监测。通过对湿地环境指标历史数据进行重建和趋势检测来分析生态环境变化，为高寒湿地生态环境保护提供决策支持。

（3）高寒湿地时空变化特征与情景模拟。通过对本次湿地资源与历史数据进行对比分析，得出四川高寒湿地的时空变化特征。整合自然环境和社会经济要素完成四川高寒湿地变化影响因素的探索与分析，对影响高寒湿地变化的主导因素进行筛选，通过尺度转换与全球气候模式数据集融合。使用物种空间分布预测模型对湿地现状进行模拟与验证，并完成未来气候情景下四川高寒湿地时空变化模拟。结合四川高寒湿地变化特征、影响因素分析及其变化趋势模拟结果提出湿地生态保护策略。

1.3.2 结构安排

第 1 章，介绍我国及世界范围内湿地资源、湿地生态现状及面临的严峻形势，阐述湿地资源在全球尺度和国家尺度下对于生态环境及物种多样性存续的重要意义。在此背景下对国内外高寒湿地相关研究进展进行文献追踪，梳理和掌握高寒湿地遥感分类体系、信息提取、生态环境监测及变化驱动力机制的相关理论与方法。同时对四川高寒湿地研究目前存在的问题和瓶颈进行详细分析。

第 2 章，对高寒湿地概念进行界定，并分析我国现行湿地分类系统。对四川高寒湿地分布区的自然地理和社会经济情况进行阐述。

第 3 章，根据研究需要，对研究所使用的卫星遥感数据及其驱动产品做了详细介绍和比较。同时对国际上主要遥感数据处理与分析平台、程序算法、数学模型进行技术研究，为后续数据分析和应用研究提供技术支撑。具体包括多源遥感分类方法、遥感大数据云计算、同源遥感数据融合、遥感光谱指数计算、趋势变化检测模型和适宜性评价模型。

第 4 章，主要基于遥感大数据云计算平台和机器学习技术，利用 PBIA、OBIA、DL 三种分类方法完成对四川高寒沼泽湿地的信息提取和精度验证。整合每种算法的优点，设计四川高寒沼泽湿地分类方案，完成 Landsat 8（15m）和 Sentinel－2（10m）数据高寒沼泽湿地资源提取与空间可视化，并利用历史湿地专题和外业调查数据对结果进行精度验证。

第 5 章，针对高寒湖泊—河流湿地分类中存在的问题，结合其空间和季节分布特征，利用遥感光谱指数计算技术构建四川高寒湖泊—河流湿地光谱指数系统。通过对每种指数的数据挖掘和实验，提取适合不同环境特征下的湖泊—河流湿地计算指数及其阈值范围，以此为基础完成川西高寒湖泊—河流湿地资源估算与空间可视化，并利用高分辨率遥感解译结果进行精度验证。

第 6 章，对近 20 年四川高寒湿地资源时空变化进行分析。通过优化湿地生态环境要素数据集，结合社会经济数据，构建四川高寒湿地变化影响因素体系。整合 Landsat 8（15m）和 Sentinel－2（10m）四川高寒湿地专题数据，完成湿地变化多源驱动力分析。利用高寒湿地时空变化的主导因素，通过尺度转换与全球气候模式数据集融合。使用物种空间分布模型（SDM）完成对四川高寒湿地在 RCP 和 SSP 排放情景下的时空变化模拟。

第 7 章，利用提取的高寒湿地数据，整合国际开源地球科学大数据，参考国家湿地生态环境监测规范，构建四川高寒湿地遥感监测大数据集和生态环境监测指标体系。基于遥感大数据云计算平台和数理统计模型，完成对四川高寒湿地生态环境变化趋势的分析。

第 8 章，针对四川高寒湿地资源量的变化及其面临的生态环境问题，提出具有针对性的高寒湿地生态环境治理与保护策略。

第2章　高寒湿地界定及其空间分布概况

2.1　高寒湿地概述

2.1.1　高寒湿地概念

2.1.1.1　湿地

湿地是地表土壤饱和导致积水超过一定时期，进而产生了动植物群落，据其分布的地理环境不同而发育成不同的湿地类型，如湖泊湿地、沼泽湿地、河流湿地等。不同国家对于湿地的定义存在一定差异（殷书柏等，2010；殷书柏等，2014），但总体沿用了1971年签署的《拉姆萨尔公约》（即《湿地公约》）中对湿地概念的阐述。湿地是由人工或天然产生，季节或永久性存在的泥炭地、沼泽地、湿原和水域，流动或非流动的淡水、微咸水体，以及低潮时不超过6m的海岸水域（Rosenqvist et al.，2007）。原国家林业局（现国家林业和草原局）在制定我国湿地资源调查和相关技术规范（GB/T 24708—2009）中也采用了上述湿地概念。

2.1.1.2　高寒湿地

高寒湿地是一种重要湿地类型，目前对于高寒湿地概念没有国家标准和协会（公约）统一界定。有关高寒湿地变化监测和遥感分类研究中，对于高寒湿地的定义也较为模糊（侯蒙京等，2020；杜卫平等，2019；徐菲，2017；崔丽娟等，2013；刘冬等，2016）。在青海省《高寒湿地遥感分类技术指南》（DB63/T 1746—2019）中对高寒湿地做了较为简单的表述：高寒湿地是指位于高海拔寒冷气候区天然的、永久性或间歇性的沼泽地、泥炭地、水域或冰川地带(图2-1)。而对于高海拔地区的湿地，国家高原湿地研究中心（昆明）、中国湿地保护协会则用“高原湿地”对其进行表述，其主要分布在青藏高原、云贵高原和蒙新高原。白军红（2008）在《中国高原湿地》中将海拔 4000m 以上的高原湖泊、沼泽和河流定义为高原湿地；袁强（2015）认为高原湿地是由高原地区多湖泊盆地、河谷较宽，高原冰川和冻土发育为高原湿地形成创造了良好条件，主要类型有高原湖泊、沼泽与河流湿地；Xiao（2010）将分布在海拔 3000m 以上地区湿地定义为高原湿地。此外，在西藏自治区《高原湿地景区评定规范》（DB54/T 0119—2017）地方标准中对高原湿地的解释为：自治区行政区域内，具有生态调控功能、适宜喜湿野生动植物生长的、天然或者人工的、常年或者季节性的潮湿地域。从上述文献可以看出，对于高原湿地的定义（尤其是对海拔的界定）是不统一的。此外，对于同一个湿地区域，有研究定义其为高寒湿地，又有其他研究者称其为高原湿地（陆宣承等，2020；顾城天等，2020；董李勤等，2020；孙飞达等，2020）。

图 2−1　高纬度地区湖泊湿地

（2022 年 7 月 21 日拍摄于黑龙江大庆南郊和杜尔伯特）

2.1.1.3　四川高寒湿地分布

通过整理分析文献（侯蒙京等，2020；杜卫平等，2019；徐菲，2017；崔丽娟等，2013；刘冬等，2016；陆宣承等，2020；顾城天等，2020；董李勤等，2020；孙飞达等，2020）发现，我国高寒湿地研究主要集中在青藏高原、云贵高原、新疆天山—阿尔泰山以及东北平原高纬度地区（图 2－1）。从表 2－1可以看出，高寒湿地发育区在中—低纬度地区地形为高原山地，在高纬地区主要表现为平原，受高原山地、温带大陆（季风）气候控制，1 月气温均在 0℃以下，存在季节性冻土、河网水系广泛分布等特征。地理学中，“高寒”是指由于海拔或纬度升高形成的寒冷气候区（王乃梁，1980；朱炳海，1962；中国科学院自然区划工作委员会，1959）。国际上对于高寒湿地的表述为“Alpine Wetland”，又称为高山湿地（Jaime et al.，2020；Metrak et al.，2020；Schertz et al.，2006）。因此本书认为，广义上的高寒湿地是指发育在中低纬高山—亚高山地区天然的、永久或间歇性的沼泽地、泥炭地、河流湖泊以及冰川地带，或发育在中高纬高原和平原地区的湿润地带；狭义上的高寒湿地是指分布在 3500m 以上高海拔地区，气候受高原山地气候控制而形成天然的、永久或间歇性的沼泽地、泥炭地、河流湖泊及冰川地带。本书研究中的高寒湿地是指广义上的高寒湿地，四川高寒湿地主要分布海拔 3000m 以上的甘孜州、阿坝州和凉山州北部地区（图 2－2、图 2－3）。

图 2－2　2022 年 6 月拍摄于若尔盖境内（位置：102.77°，33.59°，3483m）

图 2－3　2022 年 6 月拍摄于甘孜州稻城（位置：100.07°，29.38°，4413m）

表 2－1 高原—高寒湿地研究热点区域及其地理学特征

区域	纬度	平均海拔	主要气候类型	1月平均气温	主要水系	冻土分布
青—藏—川西	26°～40°	4000m	高原高山气候	－24℃～0℃	长江、黄河、澜沧江、怒江、雅砻江	多年冻土、季节性冻土
云—贵	22°～29°	2000m	亚热带季风气候（云南南部—热带季风气候）	－4℃～16℃	怒江、澜沧江、金沙江	季节性冻土、短时冻土
新—蒙（西）	34°～49°	1500m	温带大陆性气候（局部为高原高山气候）	－24℃～－8℃	塔里木河、伊犁河、额尔齐斯河	多年冻土、季节性冻土
黑—吉—辽—蒙（东）	42°～53°	200m	温带季风气候（内蒙古东部为温带大陆性气候）	－30℃～－10℃	黑龙江、嫩江、松花江、辽河	多年冻土、季节性冻土

2.1.2 高寒湿地分类系统

2.1.2.1 国际湿地分类系统

湿地分类系统是遥感图像解译分类的基础，所以良好的湿地分类标准十分重要。《国际湿地公约》指导手册（Version 6）中对湿地类型做了修改完善并编码和注释。结合本书研究需要，对有关内陆湿地部分进行分析。内陆湿地共计有 20 种类型，涵盖了季节性或永久性河流（含三角洲）、淡/微咸水湖泊和沼泽（草本和木本）湿地。冰川湿地并未单独列出，其中苔原湿地（Tundra wetlands）和高寒草甸湿地（Alpine wetlands）类型中包含冰雪融水。《国际湿地公约》中内陆湿地类型编码和注释原文见表 2－2（Ramsar，2013）。国际上由于每个国家所处的地理位置不同，其主要的湿地类型也不同（Masoud et al.，2017；Brand et al.，2013；Elijah et al.，2016），但在湿地分类时基本均参考《国际湿地公约》中对湿地的定义和分类。

表 2－2 《国际湿地公约》内陆湿地分类系统

编码	*Inland wetlands*（原文）	内陆湿地（对应中文释义）
L	Permanent inland deltas	永久性内陆三角洲湿地

续表

编码	*Inland wetlands*（原文）	内陆湿地（对应中文释义）
M	Permanent rivers/streams/creeks; includes waterfalls	永久性河流/小溪/小河，包括瀑布
N	Seasonal/intermittent/irregular rivers/streams/creeks	季节性/间歇性/不规则河流/小溪/小河
O	Permanent freshwater lakes (over 8ha); includes large oxbow lakes	永久性淡水湖泊（超过 8 公顷）；包括牛轭湖
P	Seasonal/intermittent freshwater lakes (over 8ha); includes floodplain lakes	季节性/间歇性淡水湖泊（超过 8 公顷）；包括洪泛区湖泊
Q	Permanent saline/brackish/alkaline lakes	永久性咸水/微咸水/碱性湖泊
R	Seasonal/intermittent saline/brackish/alkaline lakes and flats	季节性/间歇性咸水/微咸水/碱性湖泊和平坦地带
Sp	Permanent saline/brackish/alkaline marshes/pools	永久性咸水/微咸水/碱性沼泽/池塘
Ss	Seasonal/intermittent saline/brackish/alkaline marshes/pools	季节性/间歇性咸水/微咸水/碱性沼泽/池塘
Tp	Permanent freshwater marshes/pools; ponds (below 8ha), marshes and swamps on inorganic soils; with emergent vegetation water-logged for at least most of the growing season	永久性淡水沼泽/池塘；池塘（8 公顷以下），无机土壤上的沼泽；在生长季中多数时间被淹没的植被
Ts	Seasonal/intermittent freshwater marshes/pools on inorganic soils; includes sloughs, potholes, seasonally flooded meadows, sedge marshes	无机土壤上的季节性/间歇性淡水沼泽/池塘；包括泥沼，坑洼，季节性淹没的草地，莎草沼泽
U	Non-forested peatlands; includes shrub or open bogs, swamps, fens	非森林泥炭地；包括灌丛或大面积沼泽
Va	Alpine wetlands; includes alpine meadows, temporary waters from snowmelt	高山湿地；包括高山草甸，临时性雪融水
Vt	Tundra wetlands; includes tundra pools, temporary waters from snowmelt	苔原湿地；包括苔原洼地，临时性雪融水

续表

编码	*Inland wetlands*（原文）	内陆湿地（对应中文释义）
W	Shrub-dominated wetlands；shrub swamps，shrub-dominated freshwater marshes，shrub carr，alder thicket on inorganic soils	灌木为主的湿地；灌丛沼泽，以灌丛为主的淡水沼泽，灌木丛卡尔，无机土壤上的灌木丛
Xf	Freshwater，tree - dominated wetlands；includes freshwater swamp forests，seasonally flooded forests，wooded swamps on inorganic soils	淡水，林地为主的湿地；包括淡水沼泽森林，季节性洪泛森林，无机土壤上林地沼泽
Xp	Forested peatlands；peat swamp forests	森林泥炭地；泥炭沼泽森林
Y	Freshwater springs；oases	淡水泉；绿洲
Zg	Geothermal wetlands	地热湿地
Zk（b）	Karst and other subterranean hydrological systems，inland	内陆喀斯特湿地和其他地下水文系统

2.1.2.2　我国湿地分类系统

我国在进行湿地资源调查、监测和制定保护策略时，使用的湿地分类系统是由国家林业和草原局组织制定的《湿地分类》（GB/T 24708—2009）。其基本沿用了《国际湿地公约》湿地分类系统，将部分湿地类型更加细化。具体而言，我国湿地分类实行三级分类体系，一级是按照湿地发育的成因进行划分，二级是按照地形地貌特征（自然湿地）和功能用途（人工湿地）进行划分，三级是按照湿地水文和植被形态进行划分。此外，专门针对高寒湿地分类没有国家标准，仅有青海省于 2019 年编制的《高寒湿地遥感分类技术指南》（DB63/T 1746—2019）对高寒湿地类型进行了分级分类。与国家标准相比，将冰川湿地作为一种独立的湿地类型，并与河流湿地、湖泊湿地和沼泽湿地并列为一级湿地。青海省地处青藏高原东北缘，其湿地类型与四川高寒湿地类型较为相似。因此，青海省高寒湿地遥感分类系统对于四川高寒湿地分类系统的构建具有重要参考价值。具体而言，主要参考全国湿地分类体系进行四川高寒湿地的分类，对于高海拔和高纬度地区的湿地，重点参考青海省高寒湿地分类体系。国家《湿地分类》和青海省《高寒湿地遥感分类技术指南》对比见表 2-3。

表 2-3　国家《湿地分类》和青海省《高寒湿地遥感分类技术指南》对比

等级	《湿地分类》(GB/T 24708—2009)														《高寒湿地遥感分类技术指南》(DB63/T 1746—2019)													
一级	自然湿地														河流湿地				湖泊湿地				沼泽湿地					冰川
二级	河流湿地				湖泊湿地			沼泽湿地							永久性河流		季节性河流		永久性湖泊		季节性湖泊		淡水沼泽				咸水沼泽	冰川积雪
三级	永久性河流	季节/间歇河流	洪泛湿地	喀斯特溶洞	永久性淡/咸水湖	季节性淡/咸水湖	永久性内陆盐湖	苔藓沼泽	草本沼泽	灌丛沼泽	森林沼泽	内陆盐沼	沼泽化草甸	淡水泉绿洲	地热湿地	永久性河/溪	间歇性河/溪	洪泛湿地	永久性淡水湖	永久性咸水湖	季节性淡水湖	季节性咸水湖	泥炭沼泽	草本沼泽	灌丛沼泽	森林沼泽	内陆盐沼	冰川和积雪

2.2　四川高寒湿地分布区概况

2.2.1　区域地质概况

区域内地层出露较完整，褶皱和断裂构造均有发育。受欧亚板块和印度板块的控制，扬子板块和西藏板块挤压造就了川西地区地质构造特点，主体呈NW—SE走向。断裂构造广泛分布，其中以东部龙门山断裂带、中部鲜水河断裂带和南部安宁河断裂带为主要构架。鲜水河—龙门山以北地区分布着玛沁—略阳、玛曲—荷叶、马尔康、泥曲—玉科等区域性断裂带，呈西北—东南走向。而岷江、茂—汶断裂带为东北—西南走向。鲜水河—安宁河以西地区分布有下坝—拉波、甘孜—理塘、德格—乡城等重要区域性断裂带。此外，在龙门山逆冲作用下，茂—汶断裂带以西形成了松潘—甘孜褶皱带。

丹巴—茂县以南地区岩性以砂岩和白云岩为主，巴塘一带出现震旦—寒武系并层，岩性为大理岩、云灰岩、基性火山岩。若尔盖—平武—白龙江地区岩性为变质砂岩、炭硅质、板岩、硅质岩夹灰岩。西部靠近川—藏交界地区为灰岩泥、质灰岩、角砾状灰岩中夹板岩。木里—九龙一带岩性为炭硅质板岩夹灰岩。靠近康定—松潘一带岩性为变泥砂质岩、炭硅质岩、夹碳酸盐岩。雅砻江流域、若尔盖—阿坝—红原地区广泛分布第四系松散沉积物，多由冲击砾、砂质黏土、沼泽堆积亚黏土、腐殖质土组成。

四川高寒湿地分布区位置示意图如图 2-4 所示。

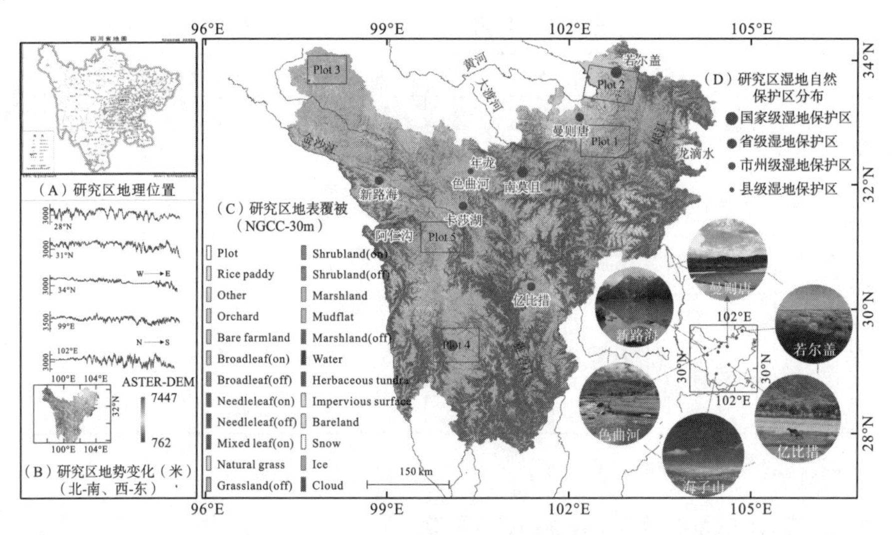

图 2-4　四川高寒湿地分布区位置示意图

2.2.2　自然地理概况

川西地区是青藏高原东南缘和横断山脉的一部分，主要由甘孜—阿坝高原与川西山地组成，平均海拔在 4000～4500m，区内海拔最高的是大雪山主峰——贡嘎山（7556m）。甘孜—阿坝高原由色达—石渠丘状高原和东部的若尔盖—红原高平原构成。以雅江—稻城—乡城为界，该线以北为高山山地区，以南为高山峡谷区，共同组成了川西山地。

该区域气候以大陆性气候为主，属于青藏高原气候区。从垂直气候带上来看，其属于温带和亚寒带高原和高山气候。东南向西北形成了不同的子气候区，由温带落叶阔叶林气候逐渐演变成亚寒带草原气候。该地区主体处于 0℃ 等温线以北，年均气温在－4℃～8℃。位于 400mm 降水地理分界线以东，年降水量范围为 600～1000mm，雨季一般在 6—8 月，东部降水大于西部降水。干湿季节差异明显，具有典型气候垂直地带性。

该区域位于黄河上游水文区、三江上游水文区、川西东部边缘山地水文区、藏东—川西西部水文区。河流众多、河网密布、纵横交错，分布着黄河、金沙江、大渡河、雅砻江和岷江等重要水系。此外，该区域分布着南方地区重要的高原沼泽（若尔盖沼泽），并发育广泛的高山高原湖泊（海子），形成了区域内分布广泛的湖泊湿地。

该区域土壤类型丰富多样，属于青藏高原土壤区、亚高山草甸土带（ⅢB）和高山草甸土带（ⅢC）。依据《中华人民共和国土壤图》（1∶1000000），区域内土壤类型主要有黑毡土、草毡土、褐土、棕壤和少量沼泽土。从土壤类型的空间分布来看，金沙江、雅砻江和大渡河河谷区主要分布着褐土；黑毡土广泛分布，尤其是甘孜北部和阿坝西部地区；而棕壤主要分布在若尔盖—马尔康—康定一带，此外巴塘、乡城和稻城一带也零星分布着棕壤；草毡土主要分布在甘孜州北部和甘孜县附近；沼泽土较少，主要集中在若尔盖西部的玛尔莫曲河流附近。

该区域具有完整的自然生态系统结构和显著的动植物资源垂直分布特征。以草地生态系统为主，其次为森林、水域、湿地和冻原生态系统。草地生态系统主要分布在研究区北部，以高山和亚高山草甸为主。森林生态系统主要分布在研究区东部和南部，林地分布具有明显的垂直地带性，灌丛从河谷沿着高海拔方向演替为阔叶林、针阔叶混交林、针叶林。湿地生态系统主要分布在金沙江—雅砻江—大渡河—岷江流域、若尔盖—红原—阿坝、理塘—稻城、壤塘等区域，包含河流湿地、高寒湖泊湿地、沼泽湿地。此外，研究区内设立国家和省级自然保护区 36 处，其中森林生态自然保护区 12 个、野生动物保护区 17 个、内陆湿地保护区 7 个，且该地区分布着我国南方最大的高原沼泽湿地（若尔盖沼泽湿地）。因此，该区域对于植被、野生动物和湿地生态系统研究具有重要价值。

2.2.3　社会经济概况

行政区划包括甘孜州、阿坝州和凉山州木里县。2019 年，全区包含 29 个县和 2 个县级市，区域总面积为 24.8 万平方千米，常住人口为 227.8 万人，城镇化率为 37.1%。（四川省统计年鉴，2019）。

区域经济发展为：2019 年地区生产总值约为 997.52 亿，占四川省地区生产总值的 1.78%。甘孜州地区生产总值为 471.94 亿元，三次产业地区生产总值占比为 17.1∶22.9∶6；阿坝州地区生产总值为 462.51 亿元，三次产业地区生产总值占比为 17.2∶24.7∶58.1；木里县地区生产总值为 63.07 亿元，产业发展以第三产业为主（四川省统计年鉴，2022）。

土地覆被以林草为主，是我国典型的高寒草甸分布区。全区草甸和森林沼泽湿地广泛分布，有 10 处湿地保护区。随着“生态绿洲”理念的深入，区域农业耕作面积从 2015 年开始减少。阿坝州森林覆盖率为 26.58%，建有 25 个自然保护区，面积为 229 万公顷。甘孜州森林覆盖率为 34.8%，建有 44 个自然保护区，面积达到 420 万公顷（四川省统计年鉴，2022）。

第3章　高寒湿地遥感识别与监测关键技术

3.1　遥感影像及调查数据

3.1.1　遥感卫星影像

四川高寒湿地遥感监测最佳窗口期一般在6月底至8月初（DOY：200～245天）。川西地区海拔较高且多山，地表对流旺盛，导致在最佳监测窗口期内的可用影像较少，尤其是西部地区。综合考虑卫星重访周期、时间序列长度、幅宽和成像空间分辨率，可用于高寒湿地监测的光学遥感数据主要有五种(表3-1)。其中，高分（GaoFen）系列数据需要申请—审核—下载，数据序列较短，获取较为困难。其他数据均为注册—下载，极大地方便了科学研究。此外，四川高寒湿地分布区的中巴资源卫星影响（CBERS-04）具有较高的空间分辨率，但数据时间序列较短，可筛选出无云覆盖的高质量影像较为困难，无法用于变化监测，但可作为定量验证使用。总体而言，哨兵2影像（Sentinel-2）、陆地资源卫星影像（Landsat 8）、中等分辨率卫星影像（MODIS）存档数据多，整体质量较好，可以进行区域尺度上高寒湿地调查和变化监测研究。

表3-1　川西地区可用的光学遥感卫星数据

卫星	成像传感器	空间分辨率	幅宽	重访周期	时间序列（年）	可用性
Landsat 8	MSS	30m	185km	18天	1972—1982	注册—下载
	TM	30m	185km	16天	1984—2020	
	ETM+	15m/30m	185km	16天	2013—2020	
	OLI \ TIRS	10m/30m	290km	10天	2015—2020	
Sentinel-2	MSI	10m/20m	290km	10天	2015—2020	注册—下载

续表

卫星	成像传感器	空间分辨率	幅宽	重访周期	时间序列（年）	可用性
CBERS—04	Pan/MUX	5m/10m	60km	3 天	2014—2020	注册—下载
GaoFen—1	PMS	2m/8m/16m	60km/800km	4 天	2013—2020	申请—审核—下载
Terra/Aqua	MODIS	250m/500m/1km	2330km	16 天	2000—2020	注册—下载

（1）中巴资源卫星 CBERS—04。

中巴资源卫星 CBERS—04 星搭载了 4 种载荷，分别为全色相机（5m 分辨率—P5）、多光谱相机（10m 与 20m 分辨率—P10/P20）、红外相机（40m 与 80m 分辨率）和宽视场成像仪（73m 分辨率）。全色和多光谱相机成像幅宽分别为 60km 和 120km，包括 4 个波段，光谱范围为 0.52～0.89μm（表 3—2）。

表 3—2　遥感影像空间与光谱信息

Landsat 8 OLI			Sentinel—2A&2B MSI			CBERS—04 MUX		
波段名称	光谱范围（μm）	分辨率（m）	波段名称	光谱范围（μm）	分辨率（m）	波段名称	光谱范围（μm）	分辨率（m）
B1—Costal	0.43～0.45	30	B1—Costal	0.43～0.45	60	B1—Pan	0.51～0.85	5
B2—Blue	0.45～0.51	30	B2—Blue	0.46～0.52	10	B2—Green	0.52～0.59	10
B3—Green	0.53～0.59	30	B3—Green	0.54～0.58	10	B3—Red	0.63～0.69	10
B4—Red	0.64～0.67	30	B4—Red	0.65～0.68	10	B4—NIR	0.77～0.89	10
B5—NIR	0.85～0.88	30	B5—Red Edge	0.698～0.712	20	B1—Blue	0.45～0.52	20
B6—SWIR	1.57～1.67	30	B6—Red Edge	0.733～0.747	20	B2—Green	0.52～0.59	20
B7—SWIR	2.11～2.29	30	B7—Red Edge	0.773～0.793	20	B3—Red	0.63～0.69	20
B8—PAN	0.50～0.68	15	B8—NIR	0.784～0.900	10	B4—NIR	0.77～0.89	20
			B8A—Red Edge	0.855～0.875	10			

续表

Landsat 8 OLI			Sentinel—2A&2B MSI			CBERS—04 MUX		
B9—Cirrus	1.36～1.38	30	B9—Water vapor	0.855～0.875	60	B1—VNIR	0.50～0.90	40
B10—TIRS1	10.6～11.19	100	B10—Cirrus	0.855～0.875	60	B2—SWIR	1.55～1.75	40
B11—TIRS2	11.5～12.51	100	B11—SWIR	1.565～1.655	20	B3—SWIR	2.08～2.35	40
			B12—SWIR	2.10～2.28	20	B4—TIR	10.4～12.5	40

由于 CBERS—04 缺少蓝色光波段，因此无法合成真彩图像。但 CBERS—04 影像融合后具有较高的空间分辨率，适合高寒湿地的分类、信息提取及精度验证。CBERS—04 影像可以从中国资源卫星应用中心下载（http://www.cresda.com/CN/）。本书下载 CBERS—04 数据（P5/P10）共计 18 景，覆盖主要的湿地分布区（若尔盖、海子山、新龙南），影像获取时间为 2018—2020 年（6 月下旬—9 月上旬）。对原始数据进行辐射定标和大气校正，并对 P5 和 P10 数据进行波段融合，获得空间分辨率为 5m 假彩影像。将融合后的数据上传至 GEE 资产库，为后续进行湿地分类提供验证数据源。

（2）哨兵 2（Sentinel—2）影像。

欧空局（ESA）的哨兵 2 卫星搭载一枚多光谱成像仪（MSI），星座包含 Sentinel—2A 和 Sentinel—2B 两颗星。Sentinel—2 影像有 13 个光谱波段，光谱范围覆盖 0.43～2.28μm，空间分辨率有 10m、20m、60m 三种类型（表 3—2）。双星互补后，重放周期为 5 天，适合对地表水体和植被进行监测。Sentinel—2 幅宽为 290km，ESA 为便于数据管理与使用，将影像裁剪成幅宽为 100km/景。具体根据通用横轴墨卡托地图投影（UTM）分带（垂直宽度为 6°，水平宽度为 8°）进行划分，UTM 地图投影分带中 24°～40°N 处于 R 和 S 两个分区上。川西地区处于 R 和 S 分区的 47 和 48 带上。川西地区同一时期需要 40 景 Sentinel—2 数据覆盖（图 3—1），阿坝州数据质量最好，甘孜州西北部质量最差。GEE 集成了 ESA 大部分影像数据，故 Sentinel—2 影像数据可以利用脚本工具从 GEE 数据库调取使用（https://developers.google.com/earth-engine/datasets/catalog/sentinel-2）。通过 GEE 开发平台对 40 景 Sentinel—2 影像进行辐射定标、大气校正并进行波段合成，得到空间分辨率为 15m 的彩色影像（2018—2020 年）。

（3）陆地资源卫星（Landsat 8）影像。

Landsat 8 卫星是“陆地卫星计划”的第 8 颗星，搭载了陆地成像仪（OLI），包括 11 个光谱波段（表 2－1），空间分辨率为 15m、30m 和 100m，其中第 8 波段为 15m 的全色波段。OLI 包含了增强型制图仪（ETM+）的全部波段，其中对原第 5 波段进行了调整，波谱范围调整至 0.845～0.885μm。Landsat 8 卫星过境星下点扫面带宽为 185km，川西地区需要 5 个条带数据（行号：36－41、列号：130－134），同一期需要约 25 景数据覆盖（图 3－2）。Landsat 8 影像可以从 GEE（https://developers.google.com/earth－engine/datasets/catalog/landsat－8）获取，影像时间范围是 2018—2020 年（6 月下旬—9 月上旬）。通过 GEE 开发平台对 Landsat 8 原始影像进行预处理，并对云层较多的地方采用 GEE 提供的算法进行除云处理。对可见光—中红外波段（第 2～7 波段，30m）进行合成，并与全色波段（第 8 波，15m）进行融合，得到空间分辨率为 15m 的彩色影像。此外，对 Landsat 8 影像和 CBERS04 影像、Sentinel－2 影像进行联合配准，确保影像之间坐标匹配。

（4）中等分辨率卫星（MODIS）影像。

MODIS 影像是搭载在 Terra 和 Aqua 两颗卫星上的中分辨率光谱成像仪（MODIS）获取的影像。该成像仪获取的数据包含 36 个波段，覆盖可见光到红外光，空间分辨率分别为 250m（波段 1～2）、500m（波段 3～7）和 1000m（波段 8～36）。MODIS 数据具有高幅宽和长时间序列特点，川西地区仅需要 3 景数据即可覆盖全（h26v5、h26v6、h27v6），其影像分幅如图 3－2 所示。MODIS 影像下载自 GEE（https://developers.google.com/earth－engine/datasets/catalog/modis）。利用 GEE 开发平台对 MODIS 原始数据进行预处理，并裁剪出研究区范围。

3.1.2 卫星驱动数据产品

随着对地观测技术的快速发展，基于卫星影像和地表监测数据开发的产品极大丰富，如全球地表水制图数据（JRC）、全球气候再分析数据集（ERA5）、全球气候网格数据集（IDAHO）、全球气候灾害数据集（UCSB）、全球夜光遥感数据集（DMSP－OLS）。结合本书研究内容，获取川西地区卫星驱动产品数据，数据集均可以在 GEE 开发平台通过脚本调用（https://developers.google.com/earth－engine/datasets/），该数据集中有 22 种数据产品（表 3－3）。数据集的时－空分辨率和序列长度均不同，故在数据应用之前利用 GEE 对其进行了预处理：①重新采样。参考数据集原始数据分辨率及本书研究尺度，统一将 22 种数据重采样成 500m 分辨率（图 3—1）。②数据平滑。原始数据受到环境、地形等多种因素的影响，使得数据存在异常区。利用 S—G 滤波（Savitzky，Golay，1964）对数据集进行平滑处理，剔除异常值。此外，本书中使用的气候模式数据集下载自 World Clim（https://www.worldclim.org/data/index.html）。

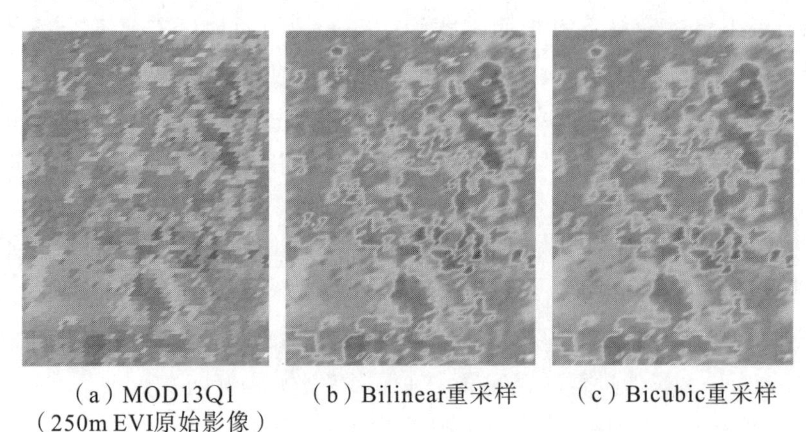

（a）MOD13Q1（250m EVI原始影像）　（b）Bilinear重采样　（c）Bicubic重采样

图 3—1　影像重采样

表 3-3 卫星驱动产品数据集

序号	编码	波段	单位	遥感产品数据集	传感器	时空分辨率		因子类型	时间序列（年）
1	LAND	VIS and NIR	—	L8/L7/L5/L2	OLIETM/TMMSS	16—Daily	30m	湿地类型	1977—2020
2	NDVI	NDVI	—	SPOT Vegetation	VGT/ PROBA	10—Daily	1km	湿地生物量	1998—2020
3	NDVI	NDVI	—	NASA/GIMMS/3GV0	AVHRR	15—Daily	8km	湿地生物量	1981—2015
4	NDVI	NDVI	—	MODIS/006/MOD13Q1	MODIS	16—Daily	250m	湿地生物量	2000—2020
5	EVI	EVI	—	MODIS/006/MODI3Q1	MODIS	16—Daily	250m	湿地生物量	2000—2020
6	NDVI	NDVI	—	MODIS/006/MCD43A4	MODIS	Daily	500m	湿地生物量	2000—2020
7	FPAR	FPAR _ 500m	%	MODIS/006/MOD15A2H	MODIS	8—Daily	500m	湿地生物量	2000—2020
8	GPP	GPP	g·C/m^2	MODIS/006/MOD17A2H	MODIS	8—Daily	500m	湿地生物量	2000—2020
9	NPP	NPP	g·C/m^2	MODIS/006/MOD17A3H	MODIS	Yearly	500m	湿地生物量	2001—2020
10	NDWI	NDWI	—	MODIS/MCD43A4 _ 006 _ NDWI	MODIS	16—Daily	500m	湿地水文	2000—2020
11	WAT	Water	—	JRC/GSW1 _ 1/Monthly History	OLIETM+/TM	Monthly	30m	湿地水文	1984—2018
12	SM	Soil Moisture	%	NOAA/CFSV2/FOR6H	NOAANECP	6—Hourly	0.2°	湿地水文	1979—2020
13	SCO	Snow _ cover	%	ECMWF/ERA5 _ LAND/MONTHLY	ECMWF	Monthly	0.1°	湿地水文	1979—2020
14	SDE	Snow _ depth	m	ECMWF/ERA5 _ LAND/MONTHLY	ECMWF	Monthly	0.1°	湿地水文	1979—2020
15	ATP	Temperature _ 2m	K	ECMWF/ERA5 _ LAND/MONTHLY	ECMWF	Monthly	0.1°	湿地气候	1979—2020
16	PRE1	Total Precipitation	m	ECMWF/ERA5 _ LAND/MONTHLY	ECMWF	Monthly	0.1°	湿地气候	1979—2020
17	ET	ET	kg/m^2	MODIS/006/MOD16A2	MODIS	8—Daily	500m	湿地气候	2001—2020
18	LST	LST _ Day _ 1km	K	MODIS/006/MOD11A2	MODIS	8—Daily	1km	湿地气候	2000—2020

续表

序号	编码	波段	单位	遥感产品数据集	传感器	时空分辨率		因子类型	时间序列（年）
19	PDSI	pdsi	—	IDAHO _ EPSCOR/TERRACLIMATE	WordClim/JRA55	Monthly	2.5°	湿地气候	1958—2019
20	PRE2	Precipitation	mm	UCSB—CHG/CHIRPS/DAILY	UCSB/CHG	Monthly	0.05°	湿地气候	1981—2020
21	NLI	Nightlight	—	NOAA/DMSP—OLS /NIGHTTIME _ LIGHTS	DMSP—OLS	Yearly	30°	外部干扰	1992—2020
22	POP	Population	—	WorldPop/GP/100m/pop	WorldPop	Yearly	3°	外部干扰	2000—2018

3.1.3　基础地理与野外调查数据

（1）基础地理数据。

使用到的基础地理数据包括四川省县级行政区划（1∶100 万）矢量数据、地质图（1∶50 万）、地形数据（SRTM－30m DEM）、地表覆盖数据（GLC2000）、湿地保护区分布图、气候区划图、省市县级道路网、居民点分布、《四川省统计年鉴》（2005—2020 年）。

（2）野外调查数据。

野外调查数据是进行湿地遥感分类和结果验证的重要数据，本书撰写过程中使用了部分历史调查资料（2015—2016 年），具体包括湿地类型照片和湿地点位（GPS 点）。同时对一些湿地区域进行了野外更新调查（2019—2020 年），获取了湿地类型现场数据（图 3−2 和图 3−3）。此外，历史湿地斑块面积数据参考四川省第二次湿地资源调查成果（《中国湿地资源》四川卷 2015 版）。

图 3−2　沼泽化草甸（2019 **年** 6 **月** 10 **日拍摄于小金**）

图 3－3　湖泊沼泽湿地（2020 年 6 月 15 日拍摄于西昌）

3.2　遥感云计算及平台

地球科学领域尤其是地表过程研究需要处理的遥感数据及空间数据产品量巨大，传统处理方式无法满足需要。因此，迫切需要一种高效可行的遥感信息提取和分析方法。随着卫星传感器技术的发展及并行计算力的大幅提升，近年来国内相关研究也在尝试利用该种方法来完成大尺度地表信息提取（李晓明等，2020；沈占锋等，2016；楚丽霞，2019）。结果表明，遥感大数据云计算可以有效完成地球科学领域的海量数据运算和数据分析（Azzari et al.，2017）。

3.2.1　遥感云计算

遥感云计算技术的本质是遥感数据并行计算（Parallel Computing），其将遥感数据预处理、样本采集、算法训练、影像分类与可视化全流程分解成若干部分，采用多个计算单元（分布式计算机）同时对数据进行处理，从而大大提高了遥感数据信息提取的效率。这打破了传统桌面软件的计算模式，即便是部分软件支持 GPU 和 CPU 并行计算，但计算力仍然有限。而遥感云计算的并行计算可以通过网络以命令形式发出请求，获取云计算平台的分布式计算单元来完成数据处理，并且将结果以可视化的图形、表格返回给用户。因此可以认为，遥感云计算是一种空间数据处理服务，用户可以根据需求获取对应的服务，而这种服务是通过网络以命令（如 Java script，Python）形式发出的。遥感云计算可以实现海量遥感数据（国家尺度、洲际尺度、全球尺度）的实时处理。

3.2.2　遥感云计算平台

IaaS、PaaS 和 SaaS 组成了遥感云计算服务的主体，分别指硬件、平台和软件。PaaS 整合了 IaaS（硬件）和 SaaS（软件）资源。用户可以通 API 调用这些资源完成遥感数据处理。国际上主要的遥感云计算平台如图 3－4 所示。通过对多个平台进行测试分析，能够真正意义上提供遥感云计算服务的平台主要集中在 Google Earth Engine（GEE），AWS ESRI－MathLab 和 Earth Server，其中亚马逊联合体只能完成对 Landsat 8 遥感数据的处理分析，其他平台主要以提供遥感数据云存储为主，不支持或有限支持在线计算。Open FORIS 仅提供样本在线选择单一的处理服务。而 ESRI 的 ENVI 和 ARCGIS 提供的更多是空间信息处理服务，无法实现多源遥感数据的集成。

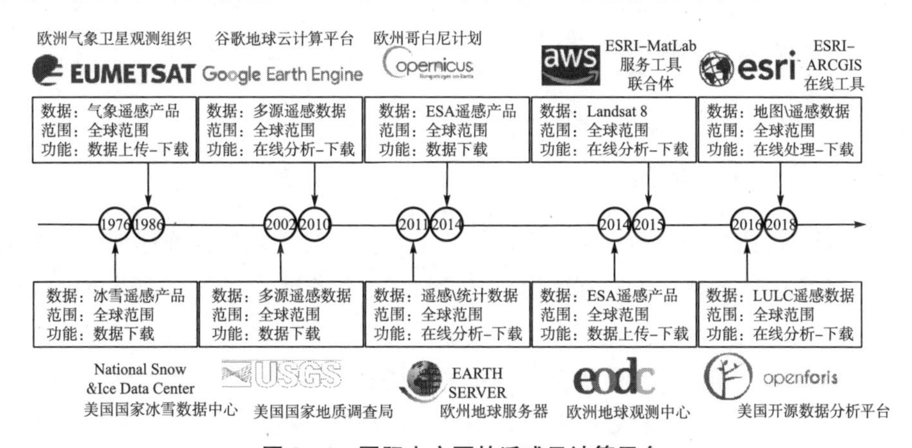

图 3－4　国际上主要的遥感云计算平台

GEE 可以较好地完成多源遥感数据云计算，是一个全球尺度的地球科学数据处理平台，主要由大数据集、计算力、API 和代码编写四个部分组成。GEE 数据集主要是整合了 NASA/USGS 的地球科学数据库、ESA 遥感数据库及 JAXA 卫星数据等海量遥感数据资源，实现了地球科学大数据的在线获取、在线分析及可视化应用，减轻了科研人员数据下载和预处理过程中的负担。遥感大数据计算对于硬件要求极高，尤其是 CPU 和 GPU 的并行计算能力，而 GEE 具有较强的计算能力，这归功于 Google 较好的计算基础设施（Gorelick et al.，2017）。GEE 处理遥感数据时不需要安装软件工具，可以直接通过 API 调用 Google 服务器的程序来完成数据处理与分析。在此过程中，需要用户通过 Python 或 JavaScript 编写代码完成上述操作。GEE 提供了丰富的遥感数据处理与分析算法，用户不再需要从底层开发，而是直接通过代码调用。GEE 组成与数据处理框架如图 3−5 所示。

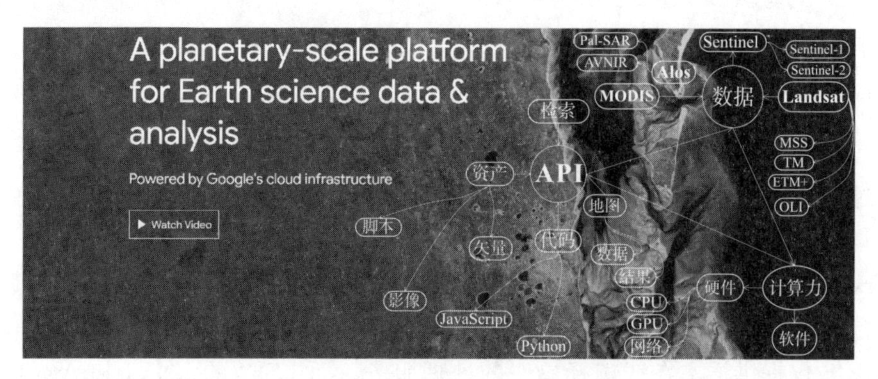

图 3−5　GEE 组成与数据处理框架

3.3　遥感数据融合

3.3.1　多源遥感数据

遥感是指在离开地面一定距离的平台上，搭载光学或微波传感对地面进行探测，进而获取地物的空间和光谱信息的过程。媒介为电磁波，光谱范围从紫外线到微波。通俗地说就是在飞机、气球、卫星上，用光谱扫描仪等传感器对地面进行探测。本书研究使用基于卫星平台搭载的光学传感器获取到的湿地分布区影像。单一遥感数据难以较好地识别湿地信息，在实际应用中通常是利用多种传感器（空间和光谱分辨率不同）获取的数据进行融合集成，进而提高地物识别的精度和效率。具体来说，本书研究所使用的遥感数据为国产 CBERS 系列、美国 Landsat 卫星系列及欧空局 Sentinel−2 等。

3.3.2　数据融合的作用

遥感数据融合主要是通过特定算法将两景图像合成一景新图像（POHLC，1998），根据数据源的异同，其可分为同源融合和多源融合。遥感数据融合的意义在于能够充分利用不同波段、不同传感器数据的空间和光谱信

息(图 3-6),进而提高遥感信息提取的精度和效率。具体体现在以下几个方面:

(1) 同源融合可以整合光谱和空间特征,进而提高数据质量,如 Landsat 8 多光谱和全色波段融合、CBERS-04 数据的 P5 和 P10 融合、IKONOS 数据的 MS 和 PAN 融合。

(2) 多源融合可以利用不同传感器的特性增加地物识别的维度,如 SAR 数据和多光谱数据融合、地形数据与多光谱融合。

(3) 补充丢失数据或延长观测数据的时间跨度,进而提高地表过程监测时间和空间范围,如 GIMMS 3g NDVI (8km) 和 MODIS NDVI (250m) 融合。

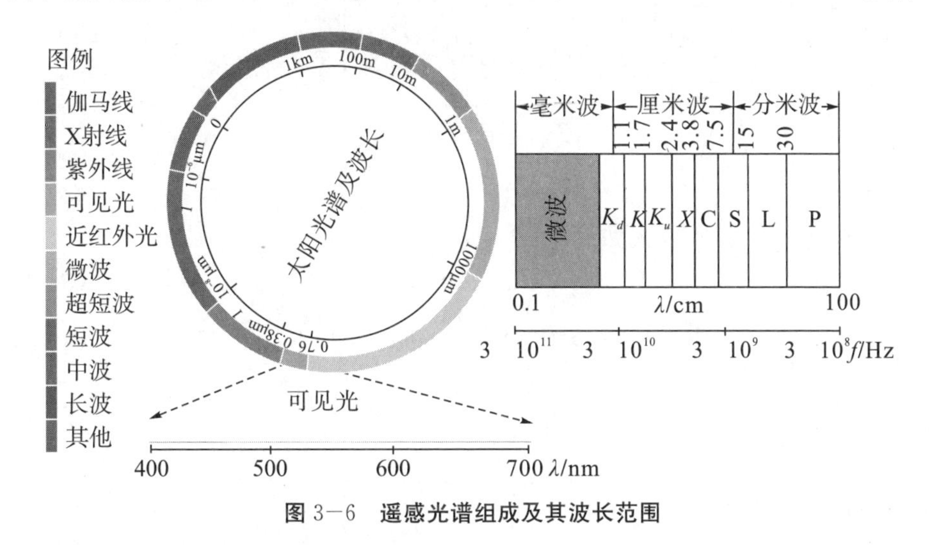

图 3-6 遥感光谱组成及其波长范围

3.3.3 同源遥感数据融合算法

遥感图像融合从低到高可分为像素、特征和决策级别三个层次。像素级融合信息损失较小、精度较高。特征级融合是在原始数据特征提取后完成融合,减少了数据融合数据处理量,融合精度相对像素级融合要低。决策级融合是利用特定算法模拟人的思维并借助一定的规则进行融合。本书进行数据融合的目的是提高数据的空间和光谱分辨率,进而提高四川高寒湿地分类和信息提取的精度。本书主要进行同源数据像素级融合,因此重点分析和研究像素级融合的算法。

(1) HSV Pan-Sharpening 融合算法及其实现。

HSV Pan-Sharpening 融合算法基于同一传感器获取的多光谱和全色波段进行数据融合。Pan-Sharpening 融合的最大优点在于不需要对原始数据进行配准,这得益于高-低分辨率的波段成像于同一个传感器。该融合算法原理可由式（3-1）~式（3-7）推导得出。数据融合实现可以利用GEE完成（图3-7）。

RGB-HSV 计算公式如下：

$$R'=\frac{R}{255},\ G'=\frac{G}{255},\ B'=\frac{B}{255} \tag{3-1}$$

$$C_{max}=\max(R',\ G,\ B'),\ C_{min}=\min(R',\ G,\ B'),\ \Delta=C_{max}-C_{min} \tag{3-2}$$

$$H=\begin{cases}0°,\ \Delta=0\\ 60°\times\left(\frac{G'-B'}{\Delta}\bmod 6\right),\ C_{max}=R'\\ 60°\times\left(\frac{B'-R'}{\Delta}+2\right),\ C_{max}=G'\\ 60°\times\left(\frac{R'-G'}{\Delta}+4\right),\ C_{max}=B'\end{cases},\ S=\begin{cases}0,\ C_{max}=0\\ \frac{\Delta}{C_{max}},\ C_{max}\neq 0\end{cases},\ V=C_{max} \tag{3-3}$$

HSV-RGB 计算公式如下：

$$0\leqslant H<360°,\ 0\leqslant S\leqslant 1,\ 且\ 0\leqslant V\leqslant 1 \tag{3-4}$$

$$C=V\times S,\ X=C\times\left(1-\left|\frac{H}{60°}\bmod 2-1\right|\right),\ m=V-C \tag{3-5}$$

$$(R',\ G',\ B')=\begin{cases}(C,\ X,\ 0),\ 0°\leqslant H<60°\\ (X,\ C,\ 0),\ 60°\leqslant H<120°\\ (0,\ C,\ X),\ 120°\leqslant H<180°\\ (0,\ X,\ 0),\ 180°\leqslant H<240°\\ (X,\ 0,\ C),\ 240°\leqslant H<300°\\ (C,\ 0,\ X),\ 300°\leqslant H<360°\end{cases} \tag{3-6}$$

$$(R,\ G,\ B)=((R'+m)\times 255,\ (G'+m)\times 255,\ (B'+m)\times 255) \tag{3-7}$$

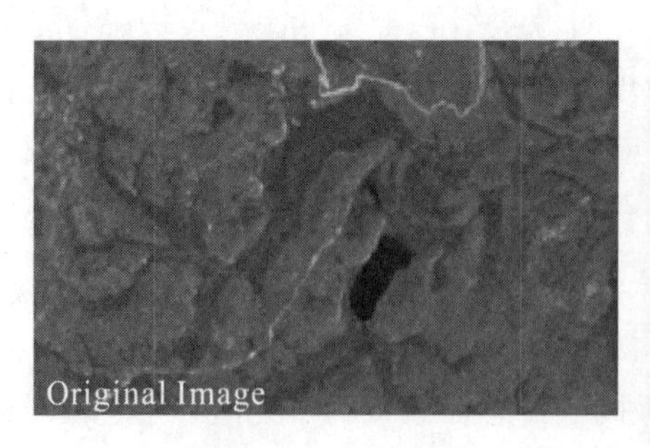

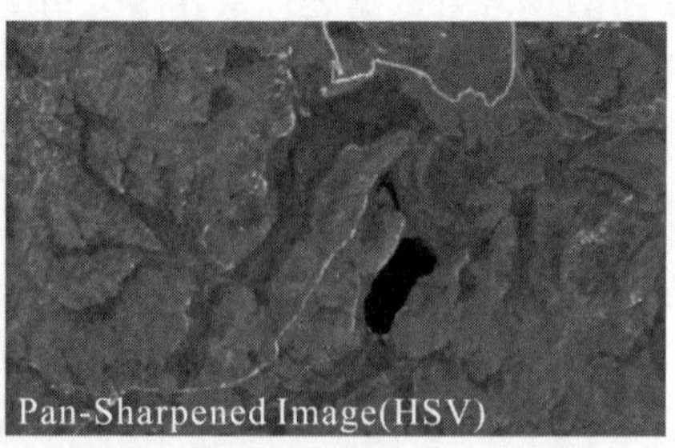

图 3-7　HSV Pan-Sharpening GEE 中 L8 数据融合结果

（2）PC−NND−GS 融合算法及其实现。

ENVI 遥感数据处理平台提供了较为丰富的图像融合工具，每种融合工具的算法有不同特点。其中，PC（主成分）融合算法主要是利用主成分分析的 PC1、PC2 和 PAN 波段进行同源融合，不存在波段限制。融合后的数据空间信息丰富，但图像色彩变化较明显；GS 融合算法是对 PC 融合算法的改进，光谱信息保真率较高，适合高空间分辨率图像，融合后的图像具有较好的纹理和光谱信息；NND 融合算法能够在整体上保持较高的光谱、纹理和色彩信息。这几种融合算法的实现都是基于 ENVI Tool 封装后的模块来完成的（图 3−8、图 3−9）。

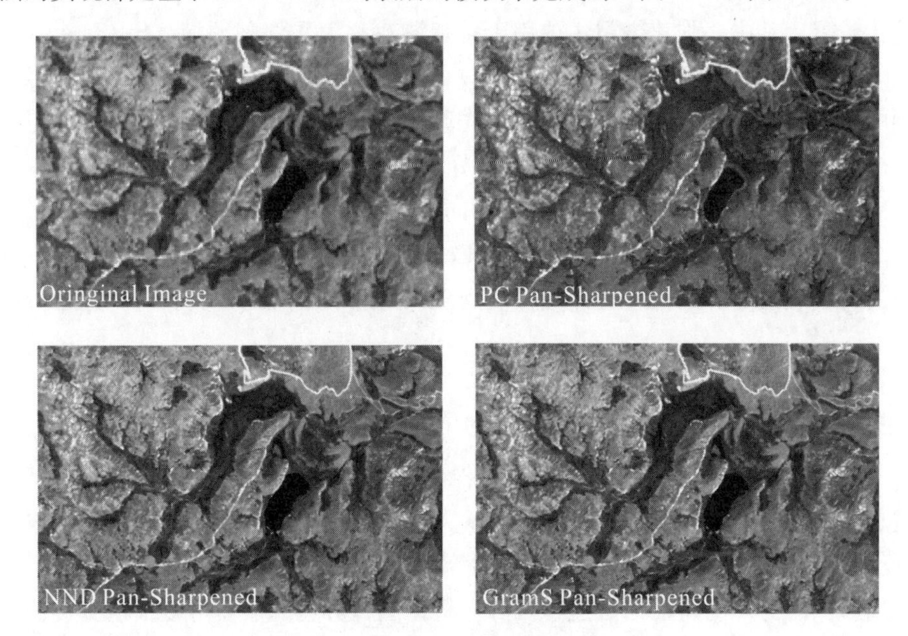

图 3−8　新龙高寒沼泽湿地数据融合结果

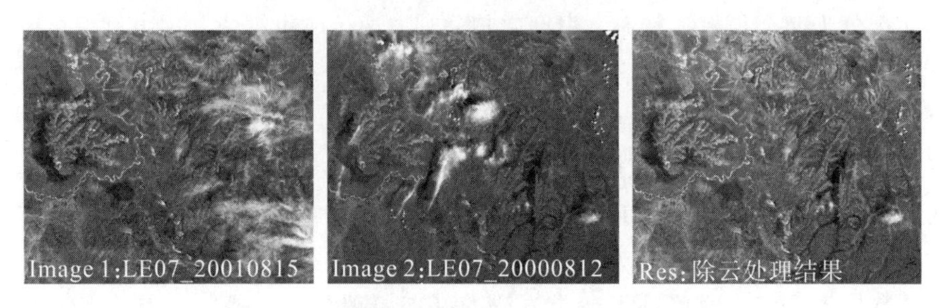

图 3−9　若尔盖地区遥感影像 ENVI 融合除云

3.4 机器学习遥感分类

机器学习算法是基于机器学习理论，通过数学思维和计算机语言设计出的能够让计算机学习的算法，计算机可以通过算法对输入的数据进行分析，掌握数据中存在的规律，进而利用这些规律预测相似数据。遥感图像分类的本质是空间数据的栅格向矢量转换过程，这种转换包含对象分类、建立标签、格式转换等过程。机器学习方法根据有无先验知识的参与可分为监督—非监督学习和强化学习。其中，强化学习主要用于益智游戏和无人驾驶领域（Silver et al.，2007；Fang，2019；Da et al.，2019）；监督学习、非监督学习在遥感影像分类中应用较为广泛。根据监督分类中先验知识参与程度、有无图像分割、是否建立分类标签等特征，将监督分类划分为三个类型：基于像素分类（Pixel-Based Image Analysis，PBIA）、面向对象分类（Object - Based Image Analysis，OBIA）、深度学习（Deep Learning，DL）分类。利用这三类方法中具有代表性的算法来完成区域尺度的多源遥感高寒湿地分类。

3.4.1 基于像素分类（PBIA）

（1）分类和回归树（CART）。

CART 算法（Breiman et al.，1984）是一种经典的图像分类方法。其实质是一种二分递归图像分割技术。把输入的影像样本根据影像的一个特征参数（反射率、几何因子、指数、纹理结构等）划分为两个子样本，每个子样本再根据影像的另一个特征参数进行二分。根据图像分类的需要可以指定分类树的深度，直至将样本分为纯净的一类，即最后的叶节点（地物类）。CART 算法的实现分为两个步骤：首先，根据递归分割方法生成决策树，这一过程是根据输入的训练样本，自上而下将输入样本作为根节点进行二分，分出来的子节点继续进行二分，直至子节点数据特征不可再分（接近纯净像元或达到预期分类目标）。其次，通过验证数据对已经生成的决策树进行简化处理（剪枝处理），简化处理以最小损失函数作为剪枝标准。GEE 云计算平台中 CART 分类函数为 EE. Classifier. Cart（ ），其中 Max depth 为核心参数。我们以 Landsat 8 OLI 数据为例，梳理 CART 分类算法的基本原理。将遥感数据中的地物景观分为植被、水体、裸地三类。前期对三类地物进行采样，共计 3 种地物 78 个样本点。图 3-10 是采用 CART 算法（最大深度 Max Depth=3）对样本进行分类的基本原理。

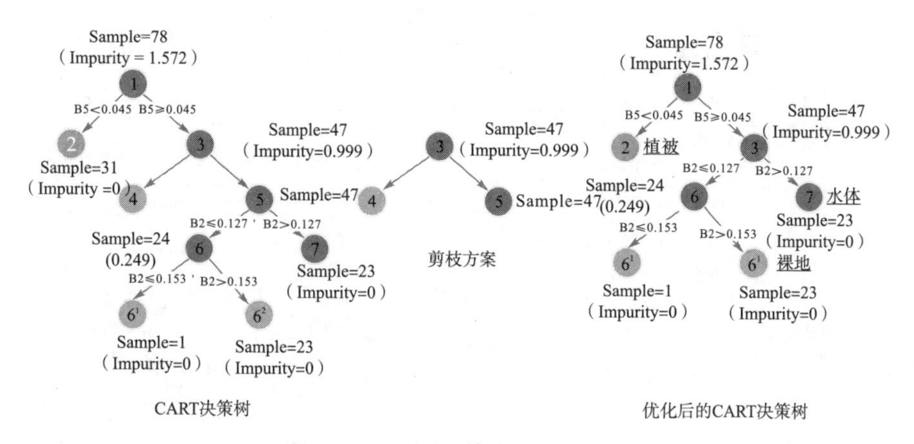

图 3－10　CART 算法及优化原理

（2）支持向量机（SVM）。

支持向量机分类算法（Burges 1998；Hsu et al.，2003；Stehman 1997）是图像分类的一种常用方法。该方法根据一定量的样本数据，利用统计学理论挖掘数据中包含的特定规律，属于典型的统计机器学习分类算法（Statistical Learning）。SVM 分类算法的原理是：为了更好地划分样本，可以将原始样本空间（Input Space）投射到一个更高维度的空间（Feature Space），进而对样本进行划分。此样本的划分过程可以分为线性可分（线性向量机）和非线性可分（非线性向量机），如图 3－11 所示，不同的划分方法使用不同的模型，该模型也称为支持向量机的核函数（Kernel Function）。SVM 分类算法常用的核函数有线性核函数、多项式核函数、高斯核函数、拉普拉斯核函数、样条核函数、感知器核函数，见表 3－4。根据图像特点合理选择核函数，将 Kernel Type 参数中核函数设置成对应的函数，如 Linear。GEE 云计算平台中 SVM 分类函数为 EE. Classifier. SVM。

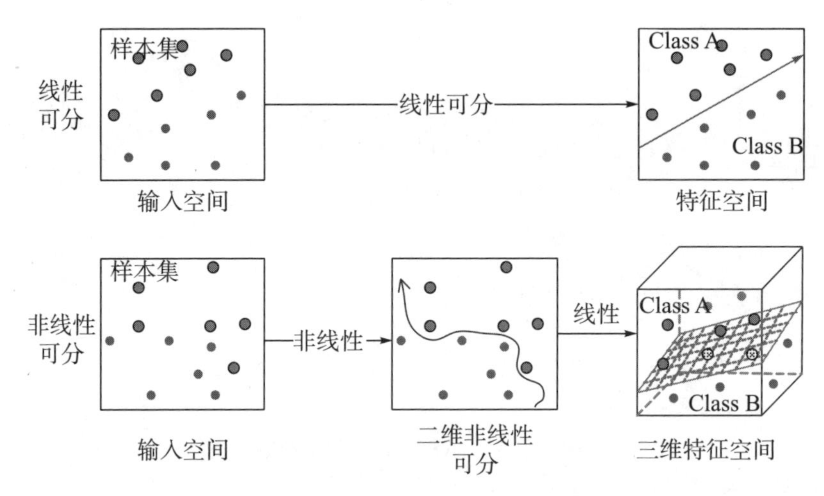

图 3－11 SVM **分类算法**

表 3－4 SVM **分类算法常用的核函数表达式和参数**

函数名称	函数表达式	参数
线性核函数	$k(\boldsymbol{x}_i, \boldsymbol{x}_j)=\boldsymbol{x}_i^{\mathrm{T}}\boldsymbol{x}_j$	
多项式核函数	$k(\boldsymbol{x}_i, \boldsymbol{x}_j)=(\boldsymbol{x}_i^{\mathrm{T}}\boldsymbol{x}_j)^d$	$d\geqslant 1$ 为多项式的次数
高斯核函数	$k(\boldsymbol{x}_i, \boldsymbol{x}_j)=\exp\left(-\frac{\Vert \boldsymbol{x}_i-\boldsymbol{x}_j\Vert^2}{2\sigma^2}\right)$	$\sigma>0$ 为高斯核的决策面宽度（Width）
拉普拉斯核函数	$k(\boldsymbol{x}_i, \boldsymbol{x}_j)=\exp\left(-\frac{\Vert \boldsymbol{x}_i-\boldsymbol{x}_j\Vert}{\sigma}\right)$	$\sigma>0$
样条核函数	$k(\boldsymbol{x}_i, \boldsymbol{x}_j)=B^{2n+1}(\boldsymbol{x}_i-\boldsymbol{x}_j)$	
感知器核函数	$k(\boldsymbol{x}_i, \boldsymbol{x}_j)=\tanh(\beta\boldsymbol{x}_i^{\mathrm{T}}\boldsymbol{x}_j+\theta)$	Tanh 为双曲正切函数，$\beta>0$，$\theta<0$

（3）随机森林分类（RF）。

随机森林分类（Leo Breiman，2001）算法是一种树形分类方法，实质是一个未剪枝的分类回归树。RF 分类结果是对输出的多棵树取平均或采用中值法得到。RF 分类算法的本质是机器学习理论中的集成学习，其最小单元为决策树（如分类器），例如，遥感图像上某一图斑是林地或草地，通过图像多特征（如 NDVI、反射率等）进行决策树分类，每棵树分类过程和结果都是独立的，如图 3－12 所示。多特征分类结果如果草地多（即投票多），则该图斑为草地，反之亦反。GEE 云计算平台中 EE. Classifier. Random Forest 分类算法的参数设置中，Min Leaf Population 为核心参数。

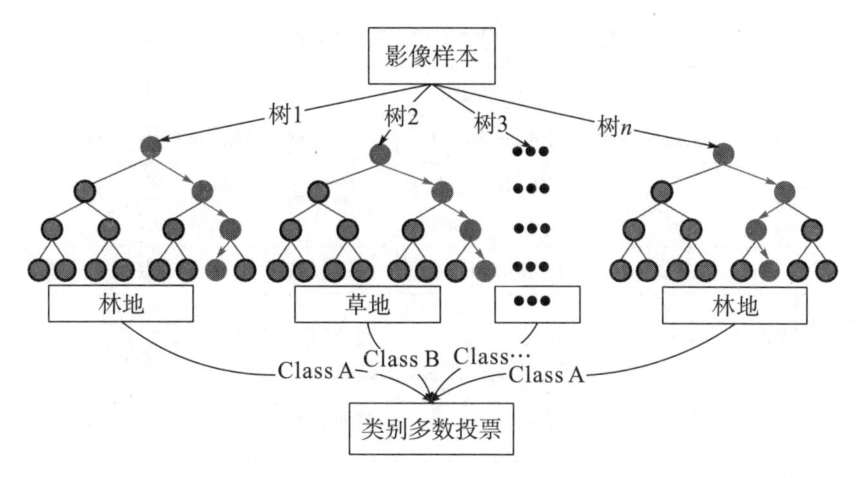

图 3－12　RF 分类算法的基本原理

3.4.2　面向对象分类

面向对象分类（OBIA）与 PBIA 的本质区别是其检测和识别的是遥感影像上具有共同特征（纹理、结构、颜色等）的一组像素组成的对象块（Object），而 PBIA 是基于影像上单个像素（Pixel）的灰度（Digital Number，DN）来分割、检测、识别。PBIA 对于较低分辨率的遥感影像分类具有较好的效果（Blaschke et al.，2014），而对于高分辨率遥感影像分类效率则不高（Tehrany et al.，2014；Pu et al.，2011）。OBIA 被视为地理信息科学（GI Science）的一个分支（Hay，Castilla，2006），其将遥感（RS）影像分割成具有一定意义的对象块（Object），然后通过其空间、光谱特征进行分类。OBIA 算法可以优化较高分辨率影像目标分类的精度。OBIA 算法的关键是进行影像分割，目前影像分割算法主要分为两类（表 3－5）：①基于边缘分割，主要是首先检测到对象块的边缘，再对其边缘包含的区域进行填充处理（Haralick 1981；Martin et al.，2004；Kerem，Ulusoy，2013；Yang et al.，2017）。②基于区域分割，与基于边缘分割的顺序恰好相反，从对象块内部开始扩展到外部边缘（Davis et al.，1975；Zhang 2006；Zhou et al.，2016；Su 2017；Deriche et al.，2017）。鉴于本书研究高寒湿地的影像特征及尺度大小，进行四川高寒湿地遥感 OBIA 时使用 eCognition 10 实现。

表 3-5 常用的 OBIA 方法实现平台

平台名称	算法原理	可用性	平台提供者
ENVI-Feature Extractions	Edge-based	商业付费	Harris Geospatial Solutions
eCognition Developer	Region and Edge-based	商业付费	Baatz M
ArcGIS-Spatial Analyst	Region-based	商业付费	ESRI
Object Analyst	Region-based	商业付费	PCI Geomaticshtml
IDRISI-GIS Tool	Edge-based	商业付费	Clark Labs
Geo Segment	Region-based	注册可用	Chen D
RS GIS Lib	Region-based	开源平台	Bunting P
Orfeo Toolbox	Region-based	开源平台	Grizonnet M

3.4.3 深度学习分类

(1) 深度学习计算框架。

深度学习 (DL) 分类是 2006 年由 Hinton 首次提出的，随后成为机器学习 (ML) 领域中的一个重要研究方向。深度学习比传统的机器学习更加接近人工智能。深度学习的核心本质是通过训练海量的有标签和无标签数据，建立具有多个隐藏层的网络数据模型。该模型通过迭代训练掌握了原始数据更抽象、本质和内在的特征，依据这些特征知识对未经训练的数据区域进行识别和预测，进而提高数据预测的精度。近年来，随着应用场景的拓宽，出现了较多深度学习的计算框架，如 TensorFlow (Google，2020)、Café (Jia et al.，2014)、Keras (Chollet et al.，2015)、Cognitive Toolkit (Microsoft，2020)、Theano 和 Torch7 (2020)、MXNET (2020)、Deep Learining 4J (2020)。其中，TensorFlow 的综合性能排名第一，主要得益于 Google 的开发和维护能力。早期的 Theano 团队成员陆续进入 Google 的 TensorFlow 研究。其中 Google 与 USGS (USGS，2020) 和 NASA (NASA，2020) 合作开发的 Google Earth Engine (Gorelick et al.，2017) 遥感数据云计算平台在很大程度上推动了 TensorFlow 的推广与使用。使用者可以基于 TensorFlow 模型使用 Google 的计算力和丰富的数据集来识别和监测地表感兴趣目标的。表 3-6 是开源深度学习计算框架在 GitHub (2020) 的统计结果 (数据统计于 2017 年 1 月)。

表 3－6　开源深度学习框架

框架	机构	支持语言	Stars	Forks	贡献	总体得分
TensorFlow	Google	C++/Python	41628	19339	568	88
Café	BVLC	C++/Python	14956	9282	221	72
Keras	Fchollet	Python	10727	3575	322	70
Cognitive Tookits (CNTK)	Microsoft	C++	9063	2144	100	66
Theano	U. Montral	Python	5352	1868	271	58
Torch7	Facebook	Lua	6111	1784	113	76
MXNET	DMLC	Python/C++/R	7393	2745	241	84
Deep Learining 4J	Deep Learining 4J	Java/Scala	5053	1927	101	72

（2）ENVI 深度学习工具。

ENVI 深度学习工具（ENVI DL）是基于 Google 的 TensorFlow 深度学习框架开发的遥感图像分类工具，其核心是一个 U－Net 网络模型。该模型对输入图像进行识别的基本流程是输入图像、特征提取、分类。其中，特征提取过程又要经过卷积、激活函数、池化（下采样）计算。模型初始化后对建立好的标签栅格进行训练（特征提取），反复提取标签栅格特征传递给模型。模型进而学习和掌握了标签栅格数据的空间、光谱、纹理信息，并将这些特征转换为类激活栅格。完成上述训练学习后，模型初始预测生成了随机类激活栅格。

为了检验预测精度，该栅格将与用于训练的样本（图像掩模）进行最优拟合度函数计算。计算出预测结果误差分布，以此调整模型参数，并将标签栅格再次传递给模型。在实际图像分类中，利用样本制作好标签栅格，模型从标签栅格中提取特定大小（从 204×204 到 796×796）的小块图像（Patch），每次训练一个 Patch 集（由几个 Patch 组成，称为一个 Batch）。图 3－13 显示了模型处理单个 Patch 的过程。该框架包括 20 次卷积＋激活函数（ReLu）、4 次下采样和 4 次上采样，最后输出类激活图。

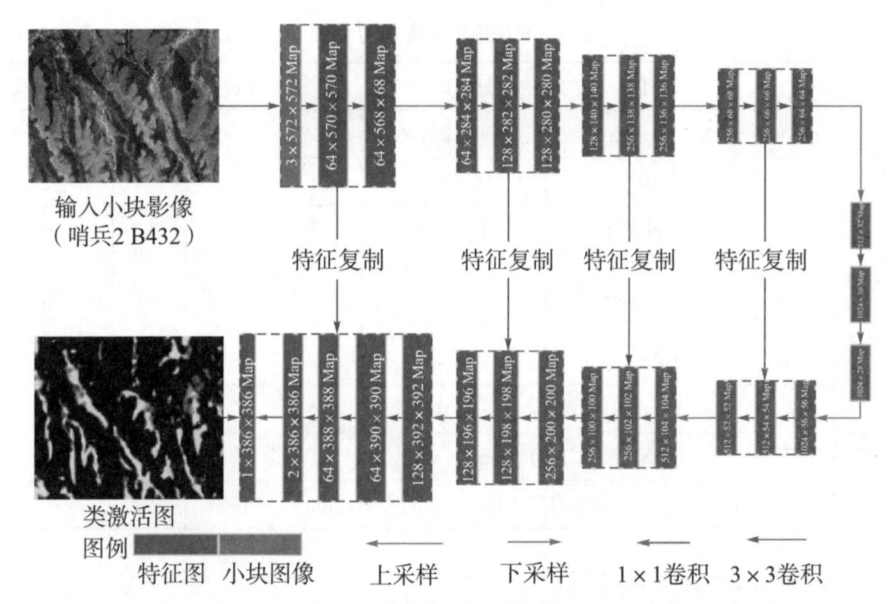

图 3－13　ENVI DL 的 U－Net 模型影像分类基本原理

相较于其他深度学习工具，ENVI DL 具有界面友好、算法成熟的特点。ENVI DLM 在进行图像样本训练和分类时需要大量计算，故对电脑的硬件配置要求较高（CPU＞8GB，GPU＞4GB 且支持 GPU 加速）。DLM 参数中，Patch 大小为 204～796，根据电脑硬件环境进行合理配置（表 3－7）。本书进行深度学习分类时的电脑硬件配置为：CPU 为 i7 10510H 6 核 16GB，GPU 为 NIVIDIA Quadro 8GB。初始化 DLM 需要对模型参数进行合理配置，其中对 Patch、Batch、Epoch 和 Iteration 参数的关系表达式如下：

$$1\ \text{Epoch} = N \times \text{Iteration} = S/\text{Batch}\ 或\ n \times \text{Patch} \tag{3-8}$$

式中，N 是迭代次数；Patch 是用于算法训练的小块影像（如 572×572 pixels）；Batch 是批处理（由多个 Patch 组成）；Epoch 是训练过程中数据被“轮”次数；Iteration 是训练完全部样本集需要的迭代次数；n 是 Patch 的个数。

表 3－7　ENVI DL 运行的硬件环境与 Patch 大小之间的关系

CPU 容量	GPU 容量	Patch 大小	每个 Batch 中 Patch 的数量
32GB	16GB	796	4
32GB	16GB	572	9
24GB	12GB	716	4

续表

CPU 容量	GPU 容量	Patch 大小	每个 Batch 中 Patch 的数量
24GB	12GB	572	7
16GB	8GB	796	2
16GB	8GB	572	4
8GB	4GB	572	2
8GB	4GB	412	4
8GB	2GB	572	1
8GB	2GB	364	2

3.5　遥感光谱指数计算

3.5.1　地物光谱

遥感能够根据收集到的电磁波来判断地物目标和自然现象。由于种类、特征和环境条件不同，不同物体具有完全不同的电磁波反射或发射辐射特征。

反射波谱是某物体的反射率（或反射辐射能）随波长变化的规律，以波长为横坐标，反射率为纵坐标所得的曲线称为该物体的反射波谱特性曲线。物体的反射波谱限于紫外线、可见光和近红外光，尤其是后两个波段。正因为不同地物在不同波段有不同的反射率这一特性，物体的反射特性曲线才作为判读和分类的物理基础，广泛地应用于遥感影像的分析和评价中。图 3−14 为 USGS 光谱库中不同典型植被的光谱曲线特征。

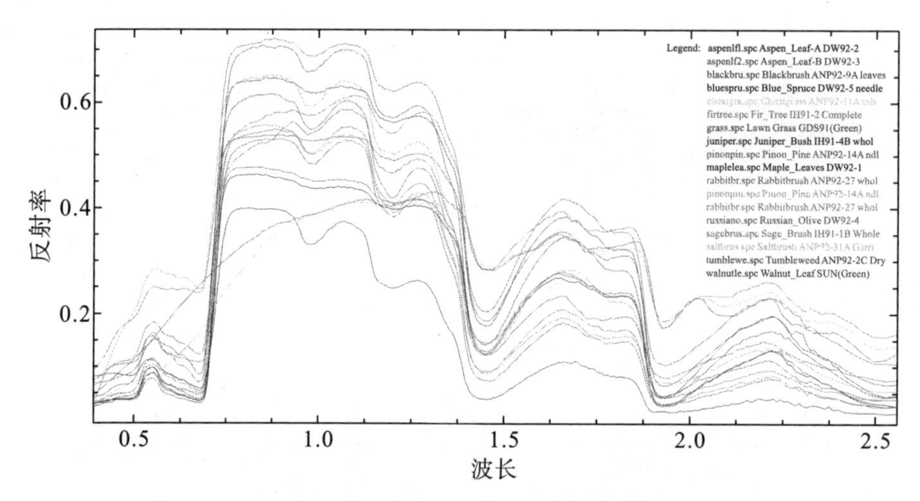

图 3－14　USGS 光谱库中不同植被光谱曲线特征（420 个波段）

3.5.2　光谱指数

地物光谱指数是指针对遥感影像上不同的感兴趣目标，选择合适光谱波段进行数学运算而得到的数值。光谱指数的适用性随着感兴趣地物空间分布的不同而不同，原因是不同地区地表环境存在明显差异，如土壤湿地、地形、植被覆盖等。因此，如果想通过某一种指数（如水体指数）来完成大范围地区该地物的识别难度较大，即便可以提取，但精度较低。为了解决这一问题，著者建立了四川高寒湿地分布区复合水体、植被指数计算体系。在识别水体分布时，根据研究区地理环境的差异（如地形、植被覆盖）进行子区划分。通过 GEE 遥感大数据计算平台对不同水体、植被指数在不同地区的适用性进行计算和精度分析，从而找到某个子区的一种或几种水体、植被指数的最佳计算方法。将不同的子区及水体、植被指数有机组合来提取研究区河流、湖泊湿地数据，进而完成四川高寒湖泊、河流湿地资源储量估算和空间分布制图。具体的水体、植被复合光谱指数计算见表 3－8。

表 3－8　四川高寒湿地复合光谱指数计算

光谱指数名称	计算表达式	参考文献
NDVI	$\frac{\rho_{NIR}-\rho_{Red}}{\rho_{NIR}+\rho_{Red}}$	Tucker（1979）
NWI	$\frac{\rho_{Blue}-(\rho_{NIR}+\rho_{SWIR1}+\rho_{SWIR2})}{\rho_{Blue}+(\rho_{NIR}+\rho_{SWIR1}+\rho_{SWIR2})}$	Ding Feng（2009）

续表

光谱指数名称	计算表达式	参考文献
SWBI	$\frac{\rho_{NIR}}{\rho_{Blue+Green+Red+NIR}}$	贺中华（2012）
NDWI	$\frac{\rho_{Green}-\rho_{NIR}}{\rho_{Green}+\rho_{NIR}}$	McFeeters et al.（1996）
NDWI1	$\frac{\rho_{NIR}-\rho_{SWIR1}}{\rho_{NIR}+\rho_{SWIR1}}$	Gao et al.（1996）
NDWI2	$\frac{\rho_{Red}-\rho_{SWIR1}}{\rho_{Red}+\rho_{SWIR1}}$	Rogers、Kearney（2004）
MNDWI	$\frac{\rho_{Green}-\rho_{SWIR1}}{\rho_{Green}+\rho_{SWIR1}}$	Xu（2006）
EWI	$\frac{\rho_{Green}-\rho_{NIR}-\rho_{SWIR1}}{\rho_{Green}-\rho_{NIR}+\rho_{SWIR1}}$	Yan et al.（2007）
WRI	$\frac{\rho_{Green}-\rho_{Red}}{\rho_{NIR}+\rho_{MIR}}$	Shen et al.（2010），Fang et al.（2011）
ADBI1	$NIR\times\cot\frac{\rho_{NIR}-\rho_{SWIR1}}{\lambda_{SWIR1}-\lambda_{NIR}}$	Das et al.（2017）
ADBI2	$NIR\times\cot\frac{\rho_{NIR}-\rho_{SWIR2}}{\lambda_{SWIR2}-\lambda_{NIR}}$	Das et al.（2017）

3.6　空间数据多尺度网格化

空间数据网格化的本质是空间数据离散化处理，与矢量数据栅格化处理类似。网格化处理过程涉及网格生成、属性赋值和叠加运算。其中，网格大小（网格尺度）和赋值方式是影响网格处理的关键。网格赋值方式主要有面积占优、属性无损、重要性法等。本书主要使用网格化处理技术对沼泽湿地空间分布进行二值化处理，并将其加载到湿地变化模拟与预测模型中。湿地空间分布可以理解为该区域空间内有湿地（真值=1）和没有湿地（假值=0），将湿地分布转化为空间数据的二值问题，传统矢量数据栅格化方法对于解决二值问题存在限制（有数据的区域为 1，没有数据的区域为空）。因此，本书使用网格化方法结合空间分析完成湿地矢量数据的离散化处理。此外，影响空间数据对地理实体表达精度的另一个因素就是尺度问题，随着空间尺度的增加，网格数据对地理实体表达的精度会下降，反之亦然（图 3−15）。为解决此问题，可以采用多尺度训练方式进行最佳网格尺度选择（Wang et al.，2016；2019）。

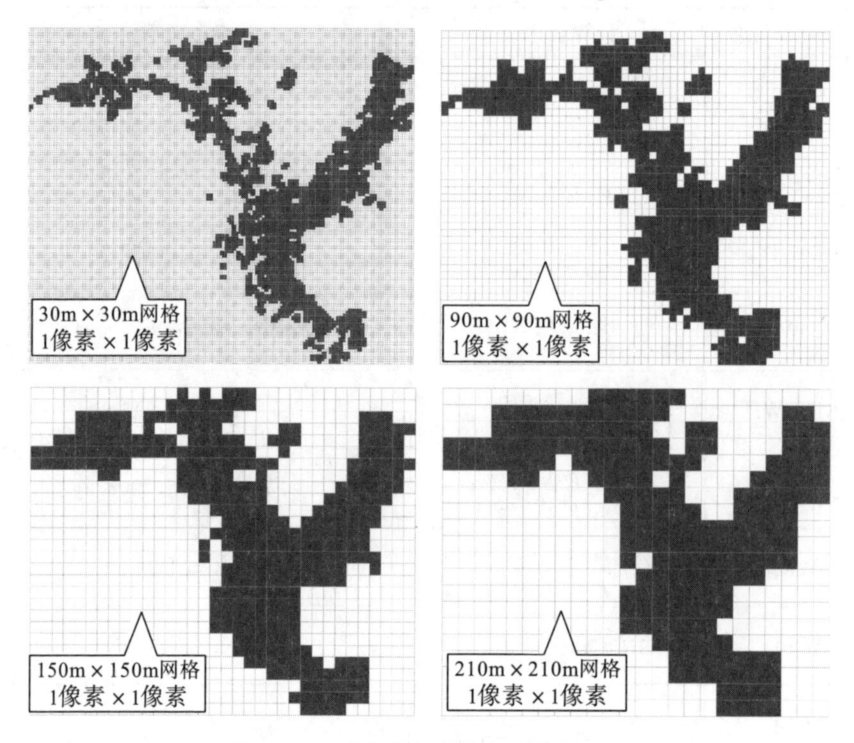

图 3－15　空间数据多尺度网格化处理

3.7　趋势变化统计模型

3.7.1　线性回归模型（Linear Regression Model，LRM）

线性回归分析广泛用于长时间序列数据的趋势分析，具有较高的精度和稳定性（Chu et al.，2018；Gu et al.，2018；Tang et al.，2018）。该方法可以用于像素尺度长时间序列栅格数据变化检测和分布研究。公式如下：

$$\text{Slope} = \frac{n \times \sum_{i=1}^{n}(i \times \text{NDVI}_i) - \sum_{i=1}^{n} i \sum_{i=1}^{n} \text{NDVI}_i}{n \times \sum_{i=1}^{n} i^2 - \left(\sum_{i=1}^{n} i\right)^2} \tag{3-9}$$

式中，i 表示第 i 年；NDVI_i 表示第 i 年的 NDVI（或某一季度/月份）；Slope 表示长时间范围内 NDVI 的变化趋势。当 Slope>0 时，表示 NDVI 变化呈上升趋势；当 Slope<0 时，表示 NDVI 变化呈下降趋势。

3.7.2 Mann-Kendall 模型（Mann-Kendall Model，MKM）

MKM 趋势分析较多用于长时间序列数据变化趋势的非参数统计检测（Gocic et al.，2013；Yavuz，2018；Wang et al.，2019；Morell，2009；Pohlert，2020）。这种趋势检测方法不要求数据样本服从正态分布，并且具有较高的定量化特征。因此，MKM 趋势分析适合于长时间序列数据变化趋势检测，MKM 趋势分析的基本方法及原理如下：

$$S_k = \sum_{i=1}^{k} r_i,\ k = 2,\ 3,\ \cdots,\ n \tag{3-10}$$

$$r_i = \begin{cases} +1,\ x_i > x_j \\ +0,\ x_i < x_j \end{cases},\ j = 1,\ 2,\ \cdots,\ i \tag{3-11}$$

式中，n 表示数据集中样本的数量；x 表示时间序列长度；S_k表示数据在 i 时间大于 j 时间的累积数量。

$$UF_k = \frac{|S_k - E(S_k)|}{\sqrt{Var(S_k)}},\ k = 1,\ 2,\ \cdots,\ n \tag{3-12}$$

$$\begin{cases} E(S_k) = \dfrac{k(k-1)}{4} \\ Var(S_k) = \dfrac{k(k-1)(2k+5)}{72} \end{cases},\ k = 2,\ 3,\ \cdots,\ n \tag{3-13}$$

式中，UF_k是通过x_1，x_2，…，x_n计算得出的统计量；$E(S_k)$ 和 $Var(S_k)$ 是 S_k的平均值和方差。$UB_k = -UF_k$（$k = n,\ n-1,\ \cdots,\ 1$），$UB_1 = 0$。α 表示变化趋势的显著水平，若 $\alpha = 0.05$，则$u_{0.05} = \pm 1.96$。$UF_k > 0$ 表示数据序列呈增加趋势；$UF_k < 0$ 表示数据序列呈减少趋势。当该曲线超过临界值（$u_{0.05} = \pm 1.96$）时，表示该数据序列存在明显的上升或下降趋势。

3.7.3 Sen's Slope 模型（Sen's Slope Model，SSM）

SSM 是 Sen（1968）设计并提出的一种非参数检验长时间序列数据变化趋势的方法，其通过 Slope 来定量描述变化趋势的程度，通过 GEE 平台实现（Google developers-Tutorial，2020）。长时间序列数据可以构造成如下：

$$Q(Q_0,\ Q_1,\ Q_2,\ \cdots,\ Q_i,\ \cdots,\ Q_N),\ Q_i = \frac{x_j - x_k}{j - k},\ j = 1,\ 2,\ \cdots,\ N \tag{3-14}$$

当 $j > k$ 时，式（3-14）中 $N = \dfrac{n(n-1)}{2}$。对式（3-14）进行从小到大

的排列，并根据以下公式进行计算：

$$Q_{med}=\begin{cases}Q_{\frac{N+1}{2}}, & N=\text{odd}\\ \dfrac{Q_{\frac{N}{2}}+Q_{\frac{N+2}{2}}}{2}, & N=\text{even}\end{cases} \tag{3-15}$$

若$Q_{med}>0$，表明长时间序列具有上升趋势；若$Q_{med}<0$，表明长时间序列具有下降趋势。同时，可以根据不同置信度区间对变化趋势的显著性进行检验，从而确定变化趋势的显著性。显著性计算公式如下：

$$C_{\alpha}=Z_{1-\frac{\alpha}{2}}\sqrt{Var(S)} \tag{3-16}$$

式中，$Z_{1-\frac{\alpha}{2}}$可以通过查阅正态分布表得到；α 为正态分布的显著水平（$\alpha=0.01$ 或 $\alpha=0.05$）。通过公式可以计算$M_1=\frac{N-C_{\alpha}}{2}$，$M_2=\frac{N+C_{\alpha}}{2}$，对数据序列进行排序，并从中查找$Q_{M_1}$、$Q_{M_2+1}$，如果$Q_{M_1}$和$Q_{M_2+1}$的符号相同，则表示变化趋势显著。

3.7.4 变化趋势显著性检验模型

在大样本统计中，*MKM* 统计量是接近正态分布的。假设我们所用统计的样本数据是符合大样本条件且不相关的。在这一前提下，*MKM* 统计量的真均值为 0。要计算标准正态统计量（z），可以用统计量除以标准差。z 出现的概率为 P。本书在 95%的置信度条件下，检验是否存在变化趋势（正/负），并将 P 与 0.975 进行比较。

$$1-P\ (|z|<z) \tag{3-17}$$

3.8 空间分布模拟模型

空间分布模型（SDM）是使用物种空间分布现状及其生存环境数据，抽取一定样本，利用一定算法来计算物种空间分布规律和环境之间的关系，基于此关系计算非样本区物种的空间分布概率，并可以通过更新环境变量数据来模拟未来物种空间分布的适宜区（Hutchinson，1995）。20 世纪 90 年代初，随着第一个 SDM 模型 BIOCLIM 的设计和应用，涌现了最大熵（MaxEnt）、回归树（CART）、遗传算法（GARP）、神经网络（ANN）和距离矩阵(Domain）等十几种模型。根据本书研究需要和环境变量数据结构特点，在诸多模型中筛选出 BIOCLIM 模型、Domain 模型、MaxEnt 模型和 GARP 模型为四川高寒湿地时空变化适宜性评价与预测模型。通过四种模型的模拟和预测来分析四川高寒湿地分布现状以及在 RCP 和 SSP 多情景下湿地的变化情况。为了更好地提高预测精度，著者对四种模型的结果进行了耦合分析。

3.8.1　BIOCLIM 模型和 Domain 模型

BIOCLIM 模型将环境因子组成的特征空间中涵盖的物种样本的超体积定义为生态位。由于环境因子的极值（极大值和极小值）对于物种的空间分布和物种的延续性是不利的，因此在模型预测时，将环境因子的极大值和极小值进行平均处理。通过平均处理后由环境因子组成的超级矩形边界被认为是适合物种空间分布的区域（Busby，1991）。Domain 模型是基于 Gower 算法来计算不同点之间的相似矩阵，进而分析目标区域的环境因子的适宜性，它是在由环境因子（变量）组成的特征空间内，目标点与其最近样本点的相似程度。Domain 模型是通过排除物种空间分布的不适宜区来实现的（Carpenter et al.，1993）。BIOCLIM 模型和 Domain 模型对物种分布和环境数据结构具有一定要求，可以通过 DIVA－GIS 工具来执行模型。

3.8.2　MaxEnt 模型

MaxEnt（Maximum Entropy）是依据热力学定律中最大熵（Jaynes，1957）原理对物种潜在地理分布进行预测的模型，预测结果表征物种分布的概率。MaxEnt 模型计算物种与环境之间的最大熵，表明物种与环境之间形成平衡稳定的状态，即该环境适合物种生存（Philips，2006；2009）。

MaxEnt 模型假设分类模型是一个条件概率分布 $P(Y \mid X)$，X 为特征，Y 为输出。给定一个训练集 $(\boldsymbol{x}^1, y^1)$，$(\boldsymbol{x}^2, y^2)$，…，$(\boldsymbol{x}^m, y^m)$，其中 $\boldsymbol{x}$ 为 n 维特征向量，y 为类别输出，m 为总样本数。$f(\boldsymbol{x}, y)$ 为特征函数，用以描述输入 $\boldsymbol{x}$ 和输出 y 之间的关系。当 $\boldsymbol{x}$ 与 y 满足一定关系时，特征函数值为 1，否则为 0（刘建平，2021）。

$\bar{P}(X, Y)$经验分布的期望值为：

$$E_{\bar{P}}(f) = \sum_{\boldsymbol{x}, y} \bar{P}(\boldsymbol{x}, y) f(\boldsymbol{x}, y) \tag{3-18}$$

$\bar{P}(X)$经验分布的期望值为：

$$E_P(f) = \sum_{\boldsymbol{x}, y} \bar{P}(\boldsymbol{x}) P(y \mid \boldsymbol{x}) f(\boldsymbol{x}, y) \tag{3-19}$$

最大熵模型的约束条件为：

$$E_{\bar{P}}(f) = E_P(f) \tag{3-20}$$

最大熵计算式为：

$$H(P) = -\sum_{x,y} \bar{P}(x)P(y \mid x)\log p(y \mid x) \tag{3-21}$$

计算目标是当 $H(P)$ 最大时，对应 $P(y \mid x)$。

MaxEnt 模型的实现可以通过 Phillips 开发设计的 MaxEnt 程序结合 ArcGis 10 的 SDM 工具来完成。

3.8.3 GARP 模型

GARP 模型是基于逻辑回归统计和生物包络规则的遗传算法模型，其本质是计算最优的物种和数据之间的分布规则。GARP 模型对物种空间分布和环境因子数据进行分析运算，得到一系列规则的集合，根据物种的生存需求来预测物种的空间分布（Stock et al.，1999）。该模型通过多次迭代计算集成多种规则，提高了预测能力，其计算结果是物种空间分布二值（1 和 0），可以在 ArcGis 10 进行叠加计算和重分类，得到最终物种潜在空间分布。

3.9 技术方法集成

云计算、机器学习分类、同源数据融合、光谱指数提取、趋势变化检测模型、空间数据网格化处理与逻辑回归分析模型、空间分布适宜性评价模型等是进行四川高寒湿地多源遥感监测及其时空变化驱动机制研究的关键技术方法。由于单一的技术方法和运行环境数据处理、分析效率较低，故本书提出将上述技术方法进行集成使用（图 3-16）。传统的利用机器学习和数据融合技术对遥感影像的分类通常是基于商业软件进行的，适用于小区域数据处理和分析。对于川西地区，其数据体量大，所以要将机器学习、数据融合和光谱提取技术集成到 GEE 云计算平台，利用云计算方式对多源遥感数据进行预处理、分类和信息提取。此外，目前对于湿地植被和水文变化趋势的检测往往是通过独立开发的模型或商业软件来完成的。本书使用的卫星驱动产品数据涵盖了 20 种数据集，其时空分辨率差异巨大，利用传统方式进行变化趋势的检测面临着巨大挑战。社会经济统计数据和气候模式数据属于 GEE 外部数据源，需要借助部分商业软件来完成数据处理和可视化分析。

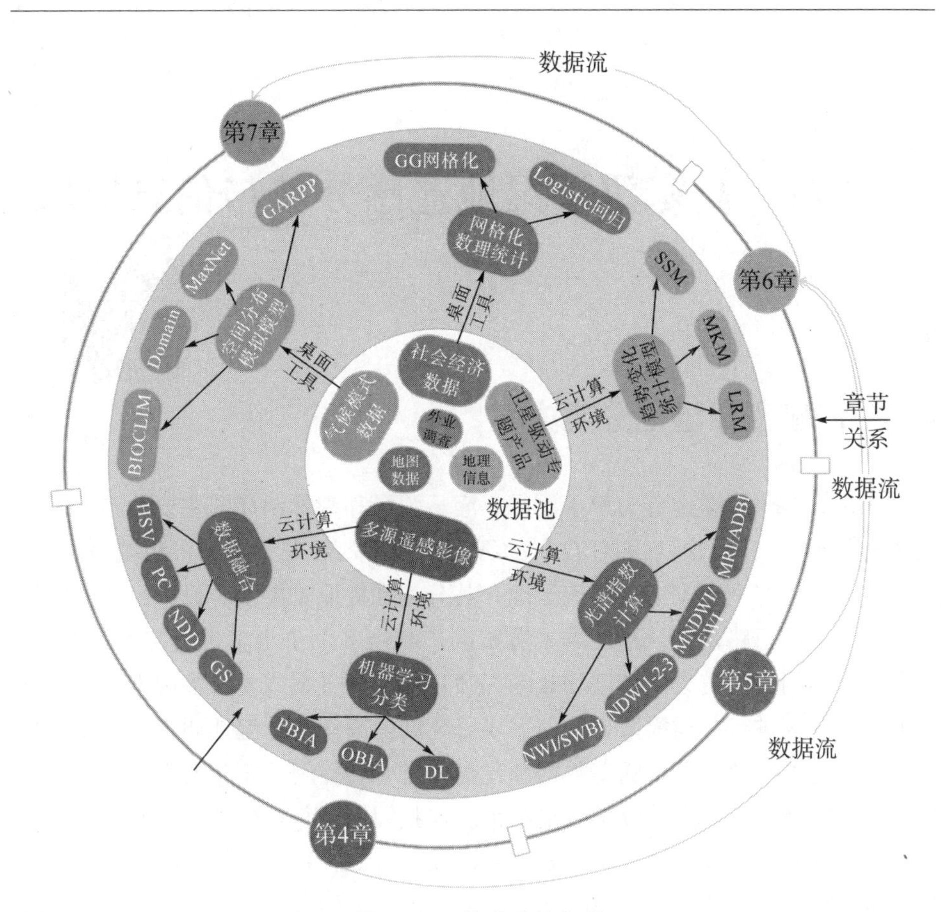
数据流
第7章
GG网格化
Logistic回归
网格化
数理统计
GARPP
MaxNet
SSM
第6章
Domain
空间分布
模拟模型
桌面
工具
MKM
社会经济
数据
趋势变化
统计模型
桌面
工具
气候模式
数据
外业
调查
卫星驱动专
题产品
云计算
环境
LRM
章节
关系
BIOCLIM
地图
数据
地理
信息
数据流
数据池
HSV
数据融合
云计算
环境
多源遥感影像
云计算
环境
MRI/ADBI
PC
光谱指数
计算
NDD
云计算
环境
MNDWI/
EWI
GS
机器学习
分类
NDWI-2-3
第5章
PBIA
OBIA
DL
NWI/SWBI
数据流
第4章

图 3—16　技术方法集成

第4章　高寒沼泽湿地遥感分类与信息提取

4.1　高寒沼泽湿地分类方案

四川高寒沼泽湿地分为草本沼泽、灌丛沼泽和森林沼泽，主要分布在阿坝州的若尔盖、红原、阿坝和甘孜州的石渠、德格、新龙、理塘、稻城等地区。高寒沼泽湿地有别于湖泊、河流湿地，其分类和提取难度大。设计高寒沼泽湿地分类方案的思路是：从小区域（实验区）利用多个子方案进行实验和验证，交叉分析不同实验方案的精度和效率，筛选出一种方案或整合多种方案升尺度至整个研究区进行分类提取，进而完成研究区的高寒沼泽湿地调查与制图。具体来说，为了验证和分析随着数据源光谱分辨率和空间分辨率的变化，不同机器学习算法和分类工具的分类效率和精度，我们针对每种分类算法的特点设计了不同高寒沼泽分类子方案［PBIA、OBIA、Deep Learning（DL）］。此外，我们也在探索高寒沼泽识别中不同分辨率影像与不同分类算法的组合效果，以及湿地提取的精度。除GEE数据库的影像资源和机器学习算法外，还借助外部数据库的影像资源和分类工具，其目的在于寻求一种同时提高分类效率和分类精度的高寒沼泽分类解决方案。选择GEE在线数据库Sentinel－2（S2）、Landsat 8（L8）影像和外部数据库CBERS0－4（C04）、HJ1B影像。数据获取时间主要集中在2018—2020年6月下旬至9月上旬，时间差控制在10天以内。集成PBIA、OBIA和DL分类算法完成四川高寒沼泽湿地多源遥感分类与信息提取（图4－1）。得到10～30m分辨率的多尺度沼泽湿地专题数据，从而完成四川高寒沼泽湿地资源储量估算和空间可视化。

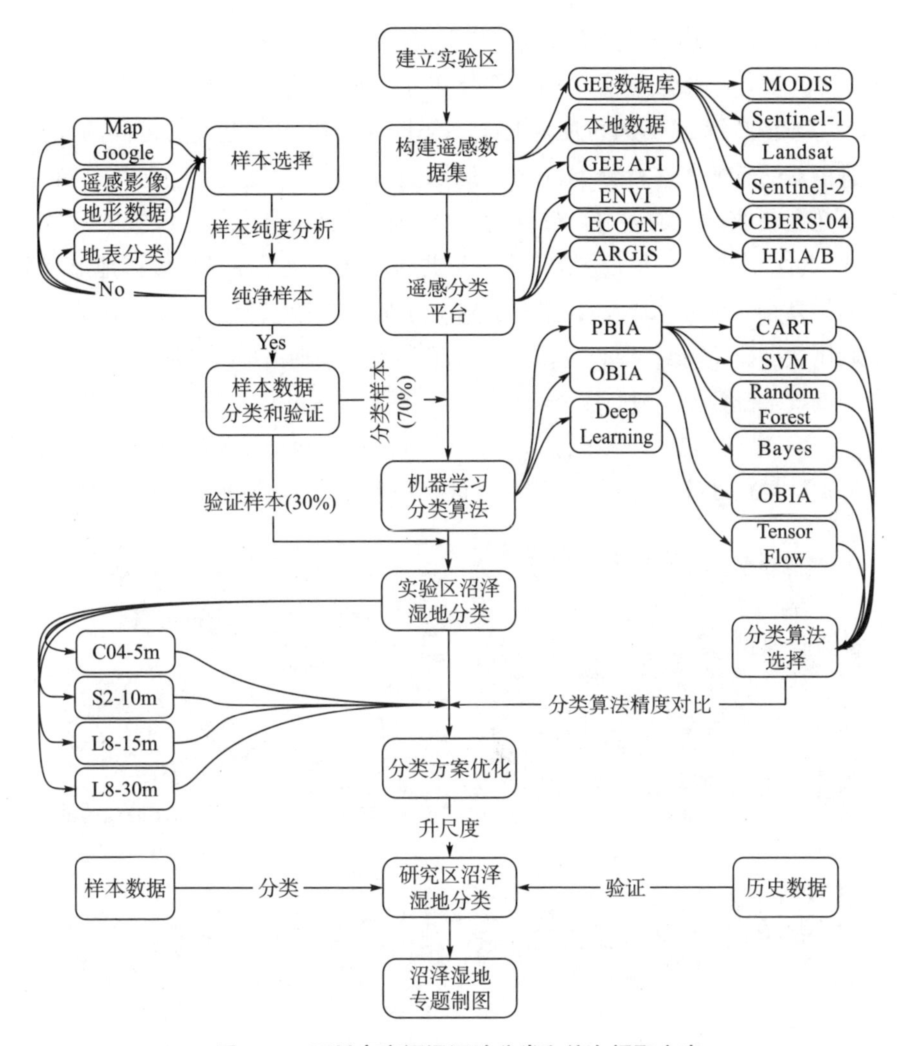

图 4－1　四川高寒沼泽湿地分类和信息提取方案

4.2　高寒沼泽湿地分类实验与验证

4.2.1　实验区选择和样本采集

川西地区沼泽湿地主体以草本沼泽和沼泽化草甸为主，故选择实验区的基本原则是草本沼泽广泛分布，湿地结构复杂，具有一定的代表性。通过对比分析，最后选择若尔盖沼泽湿地作为实验区。根据该地区湿地空间分布范围，实验区大小设置为 70km×150km。实验区内有水域、林地、草甸、沼泽、裸地等多种地物类型。遥感图像分类需要一定先验知识，其中样本对影像分类和结果验证至关重要。遥感数据分类时，需要采集不同地物的样本对每种分类算法（PBIA、OBIA、DL等）进行反复训练，构建分类算法与遥感影像之间的经验知识，进而对遥感数据进行分类。样本采集遵循的基本原则是均匀分布，同时兼顾多源数据获取时间的差异，确保同一样本在多源遥感影像上位置的一致性。采集样本过程中，可以尽量多采集，从而提高分类精度。鉴于实验区地形特征、湿地结构复杂（图4－2）和数据源分辨率不同，我们整合待分类的遥感数据、土地利用数据、Google Map、基础地理信息数据和前期湿地野外调查（第二次湿地资源调查基础数据）进行湿地样本采集。在实验区共计采集5686个沼泽湿地样本点（图4－3），其中70％的样本点用于训练算法和影像分类，30％的样本点用于分类结果精度验证（样本是随机抽取，分类样本和验证样本之间存在交叉）。

图4－2　沼泽湿地实验区照片（Google照片）

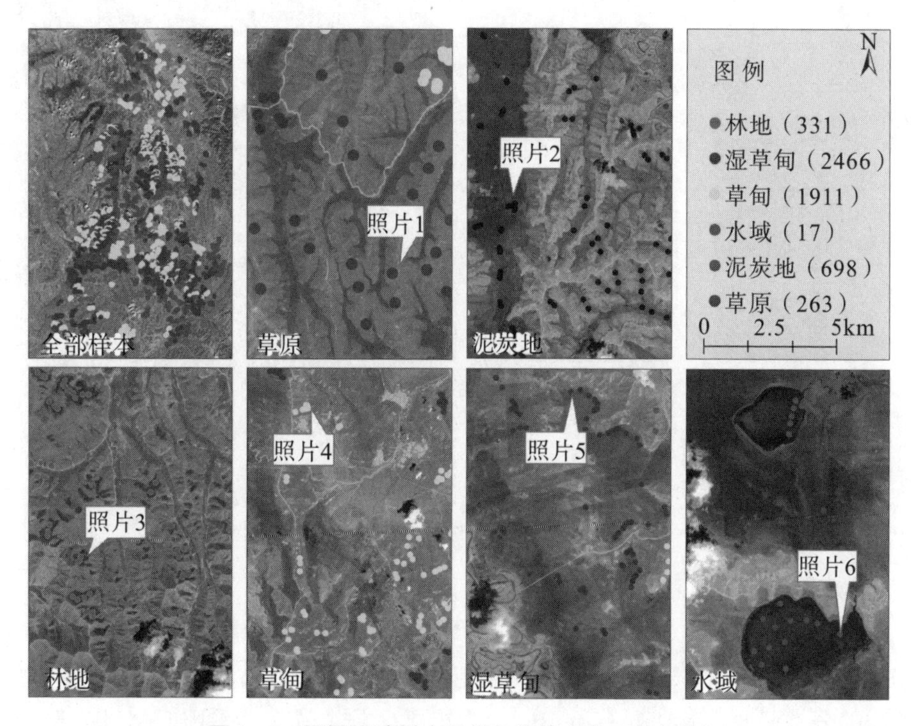

图 4－3　沼泽湿地样本采集与位置分布（若尔盖）

4.2.2　高寒沼泽湿地 PBIA 分类与验证

（1）高寒沼泽湿地 PBIA 分类方案。

GEE 云计算平台提供的 API 中，影像分类算法包括监督分类算法和非监督分类算法。非监督分类算法较简单且精度较低；监督分类算法有大量先验知识的参与，故分类结果精度较高。PBIA 沼泽湿地分类实验选取 GEE 平台上监督分类算法来开展。通过比较分析，分类和回归树分类（CART）、支持向量机分类（SVM）、朴素贝叶斯分类（Bayes）和随机森林分类（RF）四种经典监督分类算法更具有优势，因此，选取这四种分类算法进行分类实验和精度验证。每种算法已经预先定义和封装好，可以通过 Java Scrip 或 Python 工具直接调用进行影像分类。不同分类算法对不同空间－光谱分辨率遥感影像的适用性不同。分类实验数据选择 GEE 数据库中的 L8－30m 和 L8－15m、S2－10m 影像以及外部数据库 C04－5m 多光谱数据，影像采集时间分别为 2018. 08. 16、2019. 08. 16 和 2019. 08. 23。结合分类算法和影像特征建立高寒沼泽湿地 PBIA 分类方案（图 4－4）。

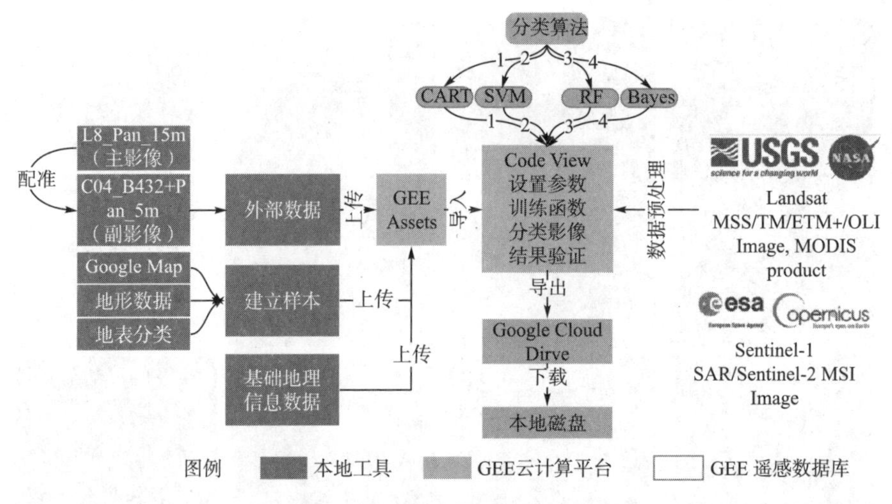

图 4-4　PBIA 高寒沼泽湿地分类方案

（2）高寒沼泽湿地 PBIA 分类结果。

使用 L8 数据对 C04 数据进行联合矫正。将矫正后的影像和样本点上传至 GEE Assets，用于湿地分类实验。利用 JavaScript 编写出湿地分类代码，对于不同的分类函数，其代码有所不同。为了提高分类效率，采用 CART、SVM、RF 和 Bayes 四种分类算法对 C04－5m、S2－10m、L8－15m 和 L8－30m 四种数据源进行分类训练。从分类精度和分类效率上看，当基于同一种数据源时，CART 的分类效果最好。因此，选用 CART 分类算法对实验区四种数据进行分类，得到实验区沼泽湿地分类结果（图 4－5）。为了更好地比较不同数据分类效果，选取具有一定代表性的样点（表 4－1）来研究数据分辨率对沼泽湿地分类效果的影响。

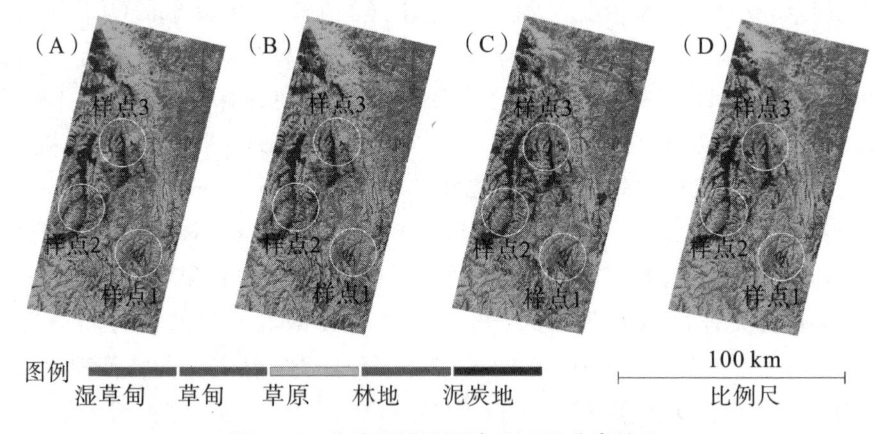

图 4－5　实验区沼泽湿地 CART 分类结果

表 4-1　沼泽湿地 CART 分类结果细节对比

样区	L8-30m	L8-15m	S2-10m	C04-5m
样点 1	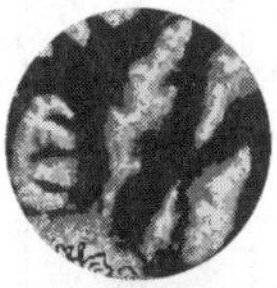			
样点 2				
样点 3				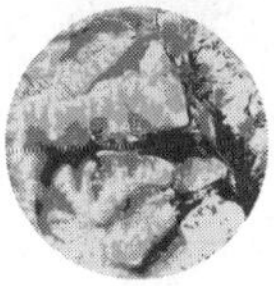

如表 4-1 所示，在样点 1，C04-5m 数据分类效果最好，其次为 S2-10m，而 L8 影像两种分辨率数据的分类结果差别不大；在样点 2，C04-5m、S2-10m、L8-15m 数据的分类效果相近，最差为 L8-30m 数据；在样点 3，S2-10m 和 L8-15m 数据的分类效果最好，最差为 L8-30m 数据，C04 的数据分类结果中出现了图斑破碎化现象。我们通过 GEE 随机选取了 1706 个样本点（约占总样本量的 30%）对四种数据分类结果进行混淆矩阵计算，来验证每种数据的分类精度。总体分类精度（表 4-2）从高到低排序为：L8-15m、S2-10m、C04-5m、L8-30m。其中，C04-5m 数据空间分辨率最高，但分类精度却不是最高的，主要原因是该数据仅有三个波段（缺少蓝波段）。CART 分类算法是基于影像灰度值进行二分类处理的，蓝波段的缺失对分类结果产生了影响。如表 4-2 所示，总体来看，湿草甸和草甸的分类精度较低，主要原因是湿草甸和林地的光谱值较相似，使得湿草甸和林地难以区分。L8-15m具有最丰富的光谱信息（7 个波段），S2-10m 影像有四个波段（蓝光、绿光、红光、近红外光），而 C04-5m 有三个波段（红光、绿光、近红外光）。可以看出，光谱信息的丰富程度对基于灰度值分类算法的重要性，因此，利用 PBIA 分类方法在整个实验区进行高寒沼泽湿地分类时，S2-10m 数据和 L8-15m 数据与 CART 算法结合的效果较好。

表 4-2　不同传感器的影像 CART 分类结果精度验证

遥感数据源	总体精度	湿地类型	用户精度	制图精度	Kappa 系数
C04-5m	0.881	湿草甸	0.762	0.726	0.891
		泥炭地	0.969	0.989	
		草甸	0.638	0.775	
		林地	0.936	0.932	
		草原	0.886	0.905	
S2-10m	0.922	湿草甸	0.778	0.874	0.903
		草甸	0.933	0.946	
		草原	0.958	0.978	
		林地	0.887	0.750	
		泥炭地	0.997	0.996	
L8-15m	0.935	湿草甸	0.894	0.933	0.912
		草甸	0.904	0.876	
		草原	0.932	0.950	
		林地	0.924	0.813	
		泥炭地	0.983	0.991	
L8-30m	0.846	湿草甸	0.806	0.835	0.827
		草甸	0.822	0.896	
		草原	0.837	0.847	
		泥炭地	0.928	0.858	
		林地	0.991	0.996	

4.2.3　高寒沼泽湿地 OBIA 分类与验证

（1）OBIA 面向对象遥感分类方案。

OBIA 遥感分类主要包括影像分割和影像分类两个阶段，其中影像分割的重点在于获取影像分割的最佳尺度。一景影像分割的最小分割尺度是 1pixel，最大分割尺度是影像本身。影像上不同感兴趣区（居民点、草地、水域、林地）的大小及光谱特征存在明显差异，所以不同目标地物的分割尺度不同。我们对实验区影像进行多尺度分割训练，获取最佳分割尺度。由于分割尺度（Scale）是一个无量纲概念，可以将实验区数据从 1 到 100 进行分割训练，以分析不同分割尺度时对象（Object）特征间梯度变化，变化率越大，表明这种分割效果越好。基于此原理，我们使用 Estimation of Scale Parameters（ESP）工具（Drăguţ et al.，2010；Drăguţ et al.，2014）计算不同分割尺度下 Object 同质性局部变化（Local Variance，LV）和变化率（Rates of Variation，ROV），以获取最佳分割尺度（Drăguţ et al.，2010；Drăguţ et al.，2014）。当 LV 变化率（ROV）最大时，该点对应的分割尺度即为最佳分割尺度。一般来说，ESP 计算得到的最优分割尺度并非只有一个，这是不同地物尺寸不同导致的。影像分割后需要根据分类系统进行样本分析，因此，OBIA 分类中特征（Object Feature）选择十分重要（表 4－3）。根据 C04、S2 和 L8 三种影像数据的光谱特征、湿地分布的纹理和形状及湿地结构（水域与植被），最终选择灰度值（波段平均值和波段标准差）、几何特征（形状指数、对象长宽比和面积）和指数模型（NDVI 和 NDWI）作为 OBIA 分类的特征参数。

表 4－3　OBIA 分类特征参数选择、特征定义与表达式

特征参数选择	特征定义与表达式
波段平均值	$C_L = \frac{1}{n}\sum_{i=1}^{n} C_{L_i}$
波段标准差	$\varphi_l = \sqrt{\frac{1}{n-1}\sum_{i=1}^{n}(C_{L_i} - \bar{C_l})^2}$
形状指数	$s = \frac{e}{4\sqrt{A}}$
对象长宽比	$r = \frac{l}{w}$
指数模型	$NDVI = \frac{\rho_{NIR} - \rho_{Red}}{\rho_{NIR} + \rho_{Red}}$，$NDWI = \frac{\rho_{Blue} - (\rho_{NIR} + \rho_{SWIR1} + \rho_{SWIR2})}{\rho_{Blue} + (\rho_{NIR} + \rho_{SWIR1} + \rho_{SWIR2})}$

（2）高寒沼泽湿地 OBIA 多尺度分割。

鉴于 OBIA 的分割效率较低，我们在实验区影像上选取样点 1 和样点 2（与 PBIA 对应）进行分割实验。利用 ESP 工具对这两个样点的 L8－30m、L8－15m、S2－10m 和 C04－5m 影像进行分割尺度计算，得到不同影像的最佳分割尺度的数值分布（图 4－6）。由图可知，随着 LV 的变化，ROV 曲线出现很多峰值。ROV 峰值对应的分割尺度可能是沼泽湿地的最佳分割尺度。因此，可以利用 ROV 峰值作为分割尺度的训练阈值进行分割实验，获取高寒沼泽湿地最佳分割结果（图 4－7）。从分割效果来看，随着影像空间分辨率提高，分割效果越好。四种影像中 C04－5m 数据分割效果最理想，其次是 S2－10m，再次为 L8－15m，而 L8－30m 影像无法很好地分割湿草甸和草甸。从分割过程和结果可以看出，影像空间分辨率对分割结果有重要影响，而影像光谱信息相对次要。

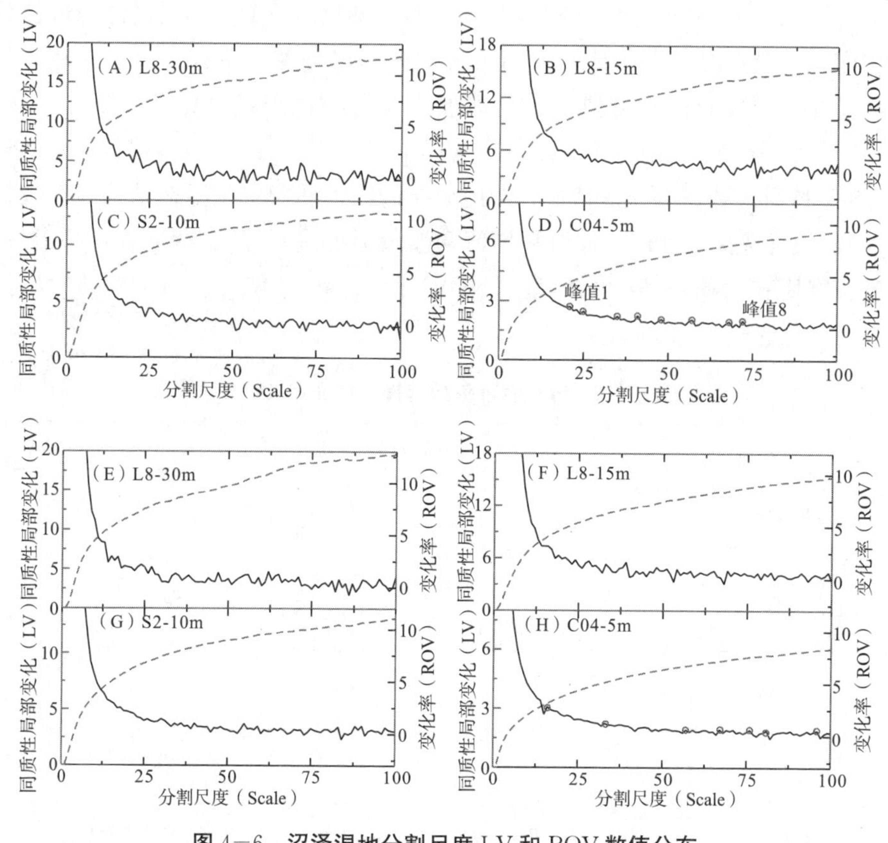

图 4－6　沼泽湿地分割尺度 LV 和 ROV 数值分布

注：(A)(B)(C)(D) 为样点 1，(E)(F)(G)(H) 为样点 2。

如图 4－7 和图 4－8 所示，随着影像数据源分辨率的提高，分割精度也相应提高。分辨率由 30m 提高到 15m（A－B），影像分割效果明显改善。分辨率从 15m 提高到 10m（B－C），分割效果进一步改善。而当分辨率从 10m 提高到 5m（C－D）时，分割效果提升率降低，这与沼泽湿地结构及对象大小有关。因此可以看出，对于沼泽湿地，影像分辨率在 10m 左右时可以较好地分割湿地结构。随着影像分辨率的继续提高，分割精度提高不明显，反而会降低图像分割效率，并且会带来地物类型破碎化现象。这一发现对于整个研究区的沼泽湿地分类数据源选择和分割尺度设置有重要参考价值。

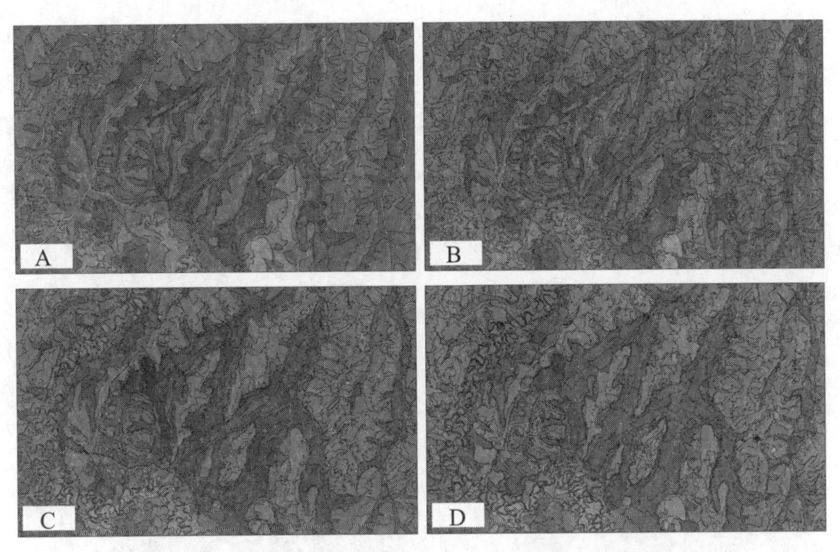

图 4－7　样点 1 沼泽湿地 OBIA 最佳分割尺度结果

注：A～D 分别为 L8－30m、L8－15m、S2－10m、C04－5m。

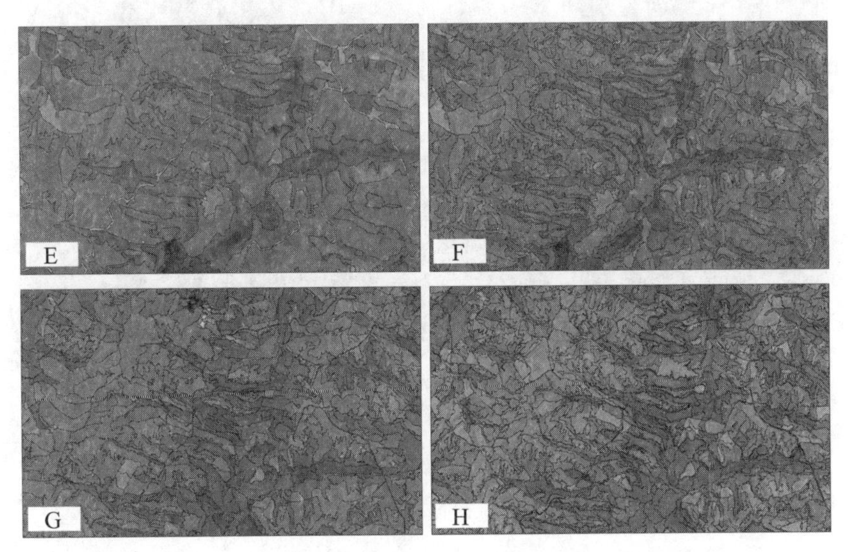

图 4－8　样点 2 沼泽湿地 OBIA 最佳分割尺度结果

注：E～H 分别为 L8－30m、L8－15m、S2－10m、C04－5m。

（3）高寒沼泽湿地 OBIA 分类结果。

在对四种实验影像数据进行分割的基础上，使用前期建立好的样本数据对分割结果进行分类，得到 OBIA 沼泽湿地分类结果（图 4－9、图 4－10）。OBIA 分类算法较好地将湿地结构进行了分类，样点 1（图 4－9）和样点 2

（图 4－10）湿地结构（从里到外）为水域、泥炭地、湿草甸、草甸、草原。参考实验区湿地类型外业调查数据，OBIA 分类算法在 5～10m 分辨率数据上较好地识别了湿地结构。利用随机提取样本点（总样本的 30%）对分类结果进行精度验证，C04－5m、S2－10m、L8－15m、L8－30m 四种影像分类结果的 Kappa 系数分别是 0.947、0.939、0.912 和 0.832，精度排序与 PBIA 分类精度排序不同。可以看出，OBIA 分类精度与数据源空间分辨率有直接关系，其中 S2－10m 和 C04－5m 的分类精度较接近，这与影像分割效果具有一致性。总体来看，使用 OBIA 和 PBIA 分类算法对 S2－10m 和 L8－15m 数据进行沼泽湿地分类均可获得较好的分类效果，这表明 S2－10m 和 L8－15m 数据源具有很好的通用性。

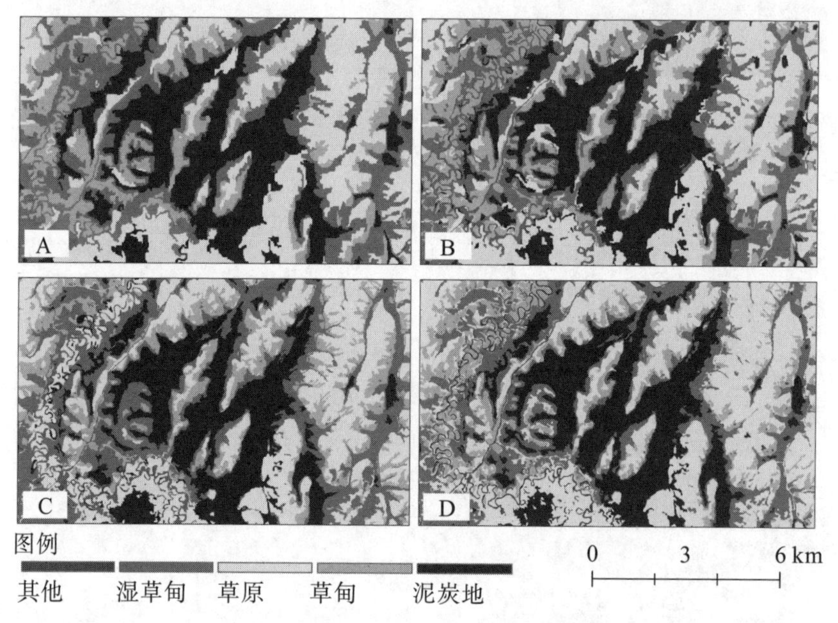

图 4－9　样点 1 沼泽湿地 OBIA 分类结果

注：A～D 分别为 L8－30m、L8－15m、S2－10m、C04－5m。

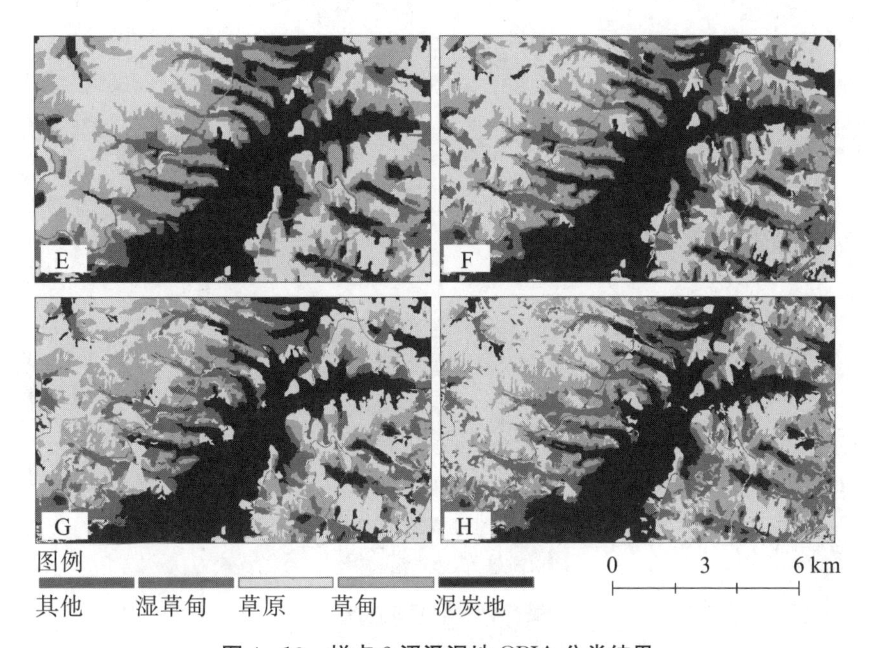

图 4−10　样点 2 沼泽湿地 OBIA 分类结果

注：E~H 分别为 L8−30m、L8−15m、S2−10m、C04−5m。

4.2.4　高寒沼泽湿地 DL 分类与验证

（1）高寒沼泽湿地 DL 分类方案。

深度学习（Hinton et al.，2006）是机器学习的重要研究方向，其本质是通过对海量有标签和无标签数据的训练，建立具有多个隐藏层的网络数据模型。该模型通过迭代训练掌握原始数据更抽象、本质和内在的特征，依据这些特征知识对未经训练数据区域进行识别和预测，进而提高数据预测的精度。Google TensorFlow 是目前用户最多、应用领域最广的深度学习框架。ITT ENVI 遥感影像处理工具基于 TensorFlow 框架开发了 ENVI DL 学习模块（U−Net 模型），可以较好地完成遥感影像深度学习分类和信息提取。鉴于本书研究内容和深度学习工具的可用性，使用 ENVI DL 学习模块完成实验区高寒沼泽湿地分类和信息提取。使用 ENVI DL 学习模块构建实验区高寒沼泽湿地分类方案如图 4−11 所示。高寒湿地分类流程为：①构建沼泽湿地标签栅格；②初始化 U−Net 模型；③训练 ENVI DL 模型；④执行沼泽分类（单一类型，如水域或湿草甸）；⑤优化分类结果。

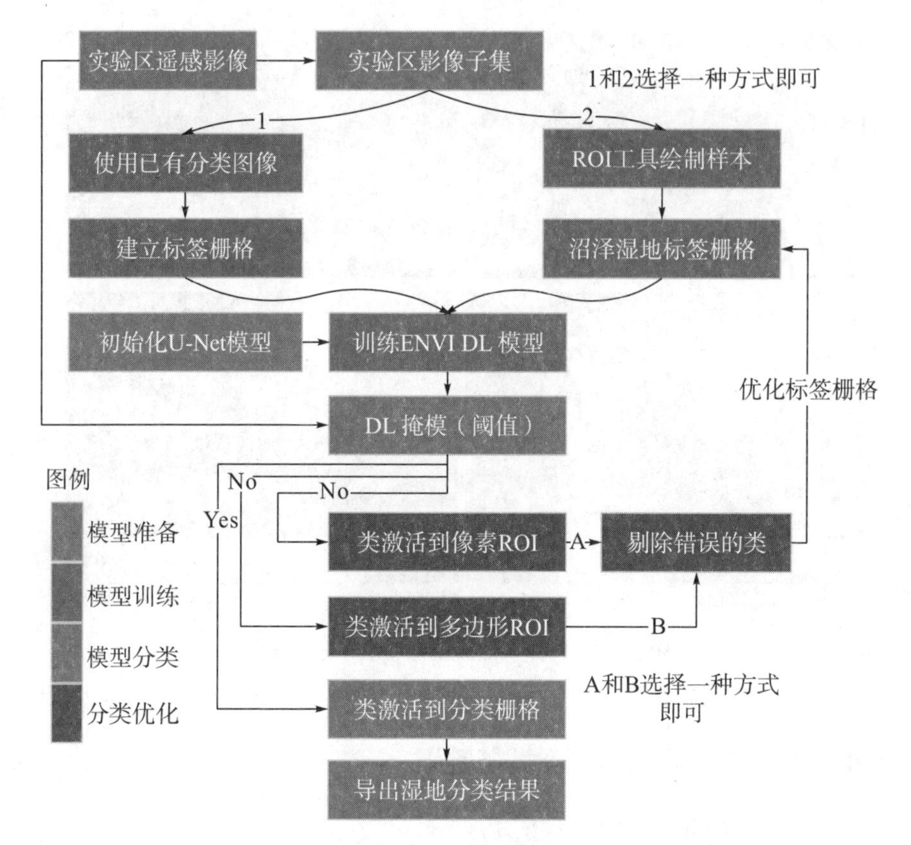

图 4－11　高寒沼泽湿地深度学习分类方案

（2）高寒沼泽湿地 DL 分类结果。

为了使分类结果更具有可比性，深度学习分类使用的实验数据与 PBIA 和 OBIA 相同。首先分别对 C04－5m 和 S2－10m 影像进行裁剪，建立沼泽湿地中水体和湿草甸标签栅格（图 4－12 中 A～B 和图 4－12 中 C～D）。每种湿地类型选取两块子图建立标签栅格，其中一个用于训练，另一个用于验证。目前，ENVI DL 模型仅支持单一类标签栅格，故提取沼泽湿地中的水域和湿草甸需要分别使用各自的标签栅格进行模型训练。训练 ENVI DL 模型相关参数设置中，Patch 大小设置较为重要，根据电脑的硬件配置，将 Patch 值设置为 572。通过训练分别得到试验区 C04－5m 和 S2－10m 数据水域、湿草甸的四个 H5 深度学习模型。分别利用对应的模型对原始实验数据进行分类，得到水域和湿草甸分布的概率图，通过设置阈值进行水域和湿草甸提取。与原始影像叠加对比分析发现，本研究中水域和湿草甸的阈值分别设置为 0.79 和 0.82 最佳，进而完成水域（图 4－13 中 A～B）和湿草甸（图 4－13 中 C～D）的提取。

为了验证提取精度，使用 PBIA 分类样本点 1900 个（高于总样本的 30%）对深度学习提取的水域和湿草甸分类结果进行验证。C04－5m 数据水域和湿草甸分类结果的 Kappa 系数分别为 0.942 和 0.871，S2－10m 数据水域和湿草甸分类结果的 Kappa 系数分别为 0.921 和 0.839。可以看出，水域提取精度高于湿草甸，深度学习分类算法更适合高分辨率遥感数据的分类。

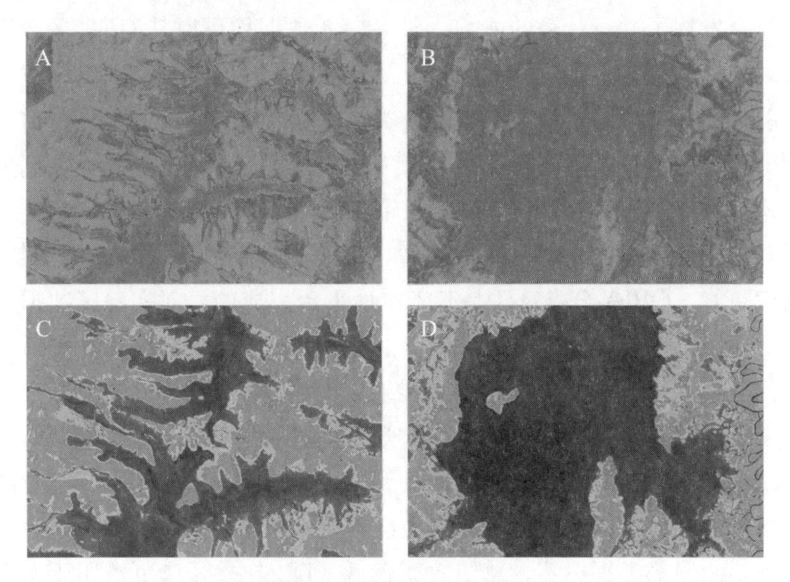

图 4－12　沼泽湿地 DL 分类标签栅格（C04－5m 影像）

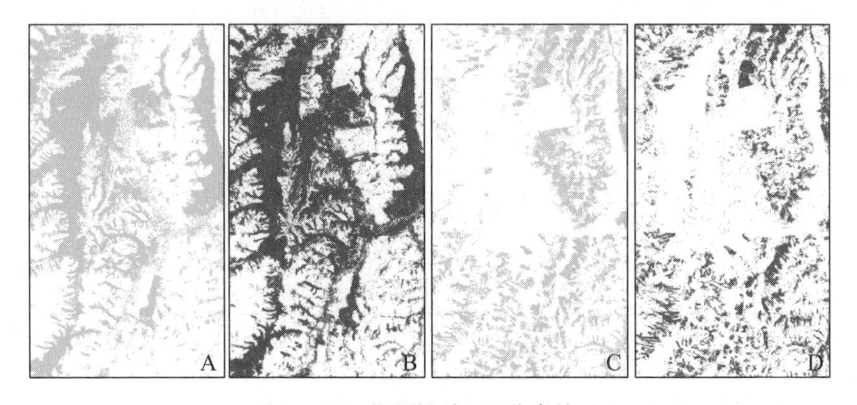

图 4－13　沼泽湿地 DL 分类结果

注：A、C 为 C04－5m 影像，B、D 为 S2－10m 影像。

4.2.5　分类方法精度与效率对比

基于同一种分类数据源，PBIA 分类算法中，CART 算法表现最好，分类精度高于 SVM 和 RF 等算法。四种数据源中，L8－15m 数据分类精度最高，Kappa 系数为 0.912，其次为 S2－10m 数据（Kappa 系数为 0.903）、C04－5m（Kappa 系数为 0.891）和 L8－30m（Kappa 系数为 0.827）。这表明，PBIA 分类精度与数据源空间分辨率有直接关系，光谱信息丰富程度也至关重要。此外在分类效率上，PBIA 分类算法具有较大的优势，尤其对 GEE 自身数据库影像分类充分发挥了并行计算的能力。S2 和 L8 数据均可以从 GEE 平台直接调用，实现快速辐射定标和同源融合，大大提高了沼泽湿地分类效率。使用 OBIA 分类算法对四种实验数据进行分类结果表明，OBIA 分类算法对于数据的空间分辨率的依赖度远高于光谱分辨率。四种实验数据分类精度的高低排序与分辨率一致。OBIA 与 PBIA 相比，较高分辨率的 C04－5m 数据表现较突出，可对沼泽湿地中泥炭地、草本沼泽、草甸的边界进行很好的识别与分割，分类精度更好。OBIA 分类算法是基于本地平台完成的，对实验区数据分类效率尚可，若推广至更大的区域，效率会急剧下降。OBIA 分类算法更适合高分辨率影像分类，L8－30m 数据的沼泽湿地分类精度不高。DL 分类算法对数据源分辨率、硬件配置更苛刻。DL 分类实验使用的是 ENVI DL 模型，对于实验区小块沼泽湿地，尤其是单一湿地类型的识别效果较好。DL 分类时需要建立较高精度的标签栅格，使用沼泽湿地样本点效果不理想，需要通过目视解译的方式来绘制湿地类别标签，总体效率较低。DL 分类算法更适用于 OBIA 和 PBIA 分类结果的验证。

表 4－4　实验区 PBIA、OBIA、DL 分类算法精度对比

分类算法	C04－5m	S2－10m	L8－15m	L8－30m
PBIA	0.891	0.903	0.912	0.827
OBIA	0.947	0.939	0.912	0.832
DL	0.942（水域）	0.921（水域）	—	—
	0.871（湿草甸）	0.839（湿草甸）	—	—

4.3　高寒沼泽湿地资源估算与可视化

通过实验分析，Landsat 8 和 Sentinel－2 遥感数据与 GEE 分类方法满足进行高寒沼泽湿地分类及信息提取的精度要求。因此，将 S2－10m 和 L8－15m 作为川西地区高寒沼泽湿地分类的数据源，将 C04－5m 多光谱数据、

Google Map 作为验证辅助数据源。分类方法使用 PBIA，并整合 OBIA 和 DL 分类算法。具体而言，在 GEE 数据库中筛选 2018—2020 年（6 月下旬到 9 月上旬）云量少于 5%的 L8 OLI/TIRS 地表反射率数据 21 景和 S2 MSI 地面反射率数据 46 景（图 4−14）。同时，从外部数据库下载 C04 P5 和 P10 数据 18 景（若尔盖、新龙、稻城和理塘）。对以上三种遥感数据进行预处理，其中对 L8 数据、C04 数据进行 MSI 和 PAN 波段同源融合。此外，通过目视的方式采集高寒沼泽湿地样本点 32120 个（图 4−15），其中 70%用于分类，30%用于精度验证。使用 GEE 遥感云计算平台分区完成四川高寒沼泽湿地分类，分类结果利用样本点、高分辨率的 C04−5m 多光谱数据进行验证。分类结果精度较高的地区为海子山、新龙和若尔盖，Kappa 系数分别为 0.952、0.946 和 0.928，全区总体分类精度为 89.4%。通过对分类结果数据进行后处理，提取高寒沼泽湿地图斑面积（表 4−5），并进行空间分布制图（图 4−17）。

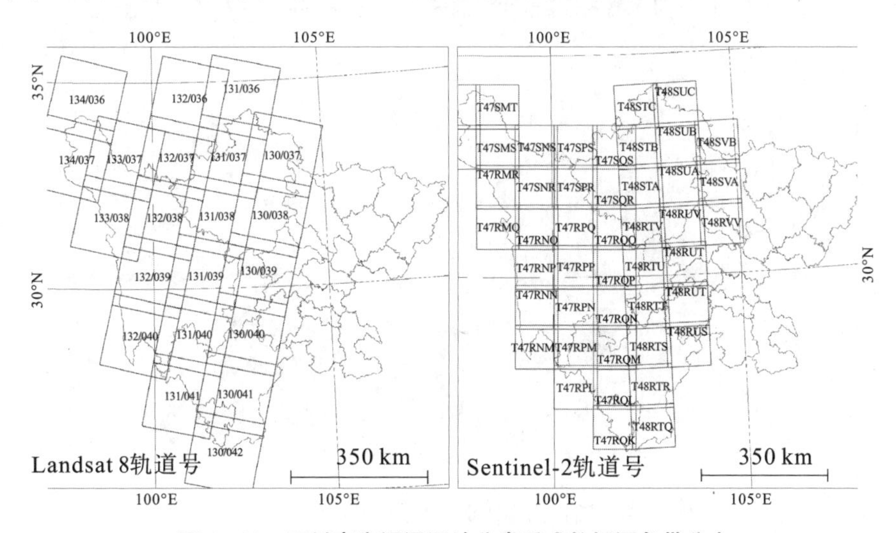

图 4−14　四川高寒沼泽湿地分类遥感数据源条带分布

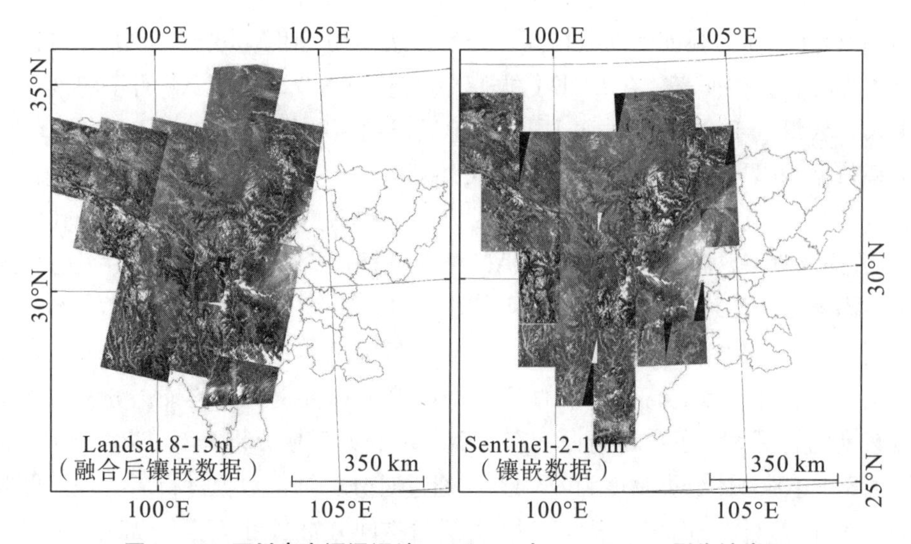

图 4－15　四川高寒沼泽湿地 Landsat 8 与 Sentinel－2 影像镶嵌图

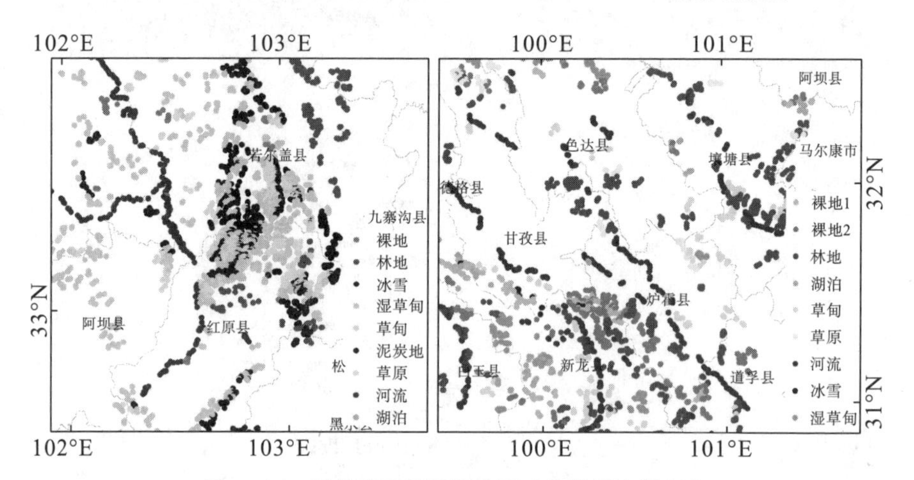

图 4－16　四川高寒沼泽湿地遥感分类样本数据集

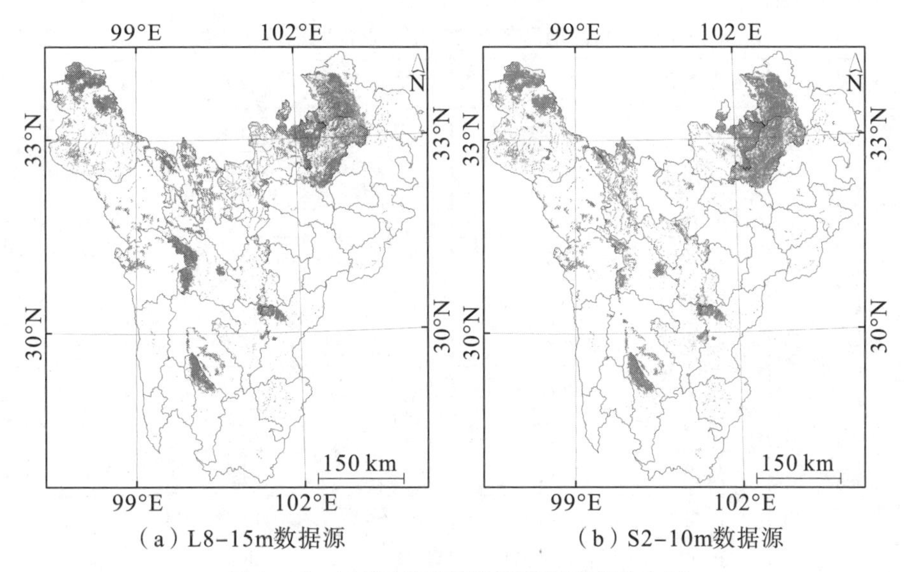

（a）L8-15m数据源　　（b）S2-10m数据源

图 4—17　四川高寒沼泽湿地资源空间分布图

对 Landsat 8 和 Sentinel—2 数据提取的沼泽湿地进行统计分析，见表 4—5。两种数据提取结果显示，四川高寒沼泽湿地总量分别为 1743896.69hm^2 和 1745456.34hm^2，总量相差 1559.65hm^2。沼泽湿地资源主要分布在新龙、石渠、若尔盖、红原和甘孜，储量分别为 471437.45hm^2、276035.62hm^2、276232.98hm^2、206791.08hm^2 和 161633.22hm^2。木里、丹巴、黑水、理县、马尔康、茂县沼泽湿地资源分布较少。使用本书方法，基于 Sentinel—2 数据提取的沼泽湿地总面积与第二次四川省湿地资源调查结果相比，沼泽湿地总面积增加了 3741.94hm^2，增加的区域主要表现在甘孜、新龙、阿坝、壤塘和马尔康地区。其中，马尔康新增为 81.20hm^2，主要分布在与阿坝交界地区，第二次四川省湿地资源调查时对该地区沼泽湿地未进行计算。本次调查中使用数据源分辨率提高和方法优化，可以较好地对较小块沼泽湿地进行识别和提取。

表 4-5 川西地区各个县市沼泽湿地面积提取结果

数据源（L8）	所属县市	沼泽湿地（hm^2）	数据源（S2）	所属县市	沼泽湿地（hm^2）
L8—15m	石渠	276022.87	S2—10m	石渠	276035.62
	德格	18355.71		德格	18368.46
	甘孜	161520.47		甘孜	161633.22
	色达	28999.15		色达	29011.90
	白玉	17252.83		白玉	17265.58
	新龙	470424.70		新龙	471437.45
	炉霍	4594.91		炉霍	4607.66
	道孚	13372.57		道孚	13369.32
	丹巴	776.30		丹巴	789.05
	巴塘	5746.70		巴塘	5759.45
	理塘	84895.78		理塘	84908.53
	雅江	22599.26		雅江	22612.01
	康定	14942.92		康定	14955.67
	得荣	6432.73		得荣	6445.48
	乡城	13908.67		乡城	13921.42
	稻城	24661.72		稻城	24674.47
	九龙	2665.72		九龙	2678.47
	木里	337.69		木里	350.44
	若尔盖	276220.23		若尔盖	276232.98
	阿坝	64258.98		阿坝	64351.73
	红原	206678.33		红原	206791.08
	松潘	6416.42		松潘	6429.17
	九寨	1098.04		九寨	1110.79
	马尔康	75.30		马尔康	81.20
	黑水	385.04		黑水	397.79
	茂县	—		茂县	—
	理县	96.92		理县	109.67
	壤塘	17641.47		壤塘	17754.22
	金川	2317.24		金川	2329.99
	汶川	738.49		汶川	751.24
	小金	559.53		小金	572.28

第5章　高寒河流与湖泊湿地光谱指数提取

5.1　高寒河流与湖泊湿地提取方案

Mc FEETERS（1996）和 Gao（1996）首次在 1996 年提出归一化水体指数（NDWI）的计算方法，前者利用绿光波段和近红外光波段进行计算，后者利用近红外光波段和短波红外光波段来计算。截至 2020 年，根据这一规律衍生出很多水体指数计算方法。我们整合目前应用最为广泛的 10 种水体指数（表 3−8），利用不同水体指数提取不同海拔、不同坡度和不同地表覆盖区的河流与湖泊湿地。要以此来验证不同水体指数的适用性，则选择提取精度高的指数来完成四川高寒要河流与湖泊湿地资源的提取。具体而言，我们基于遥感云计算平台，使用前述 10 种水体指数对 2018—2020 年（6 下旬至 9 月上旬）L8−15m 和 S2−10m 两种遥感数据进行河流与湖泊湿地分区提取实验，并使用已有的河流与湖泊湿地专题对分区提取结果进行验证，得到不同地形、不同影像和不同水体指数的最佳组合，进而完成四川高寒河流与湖泊湿地资源估算和空间分布制图（图 5−1）。

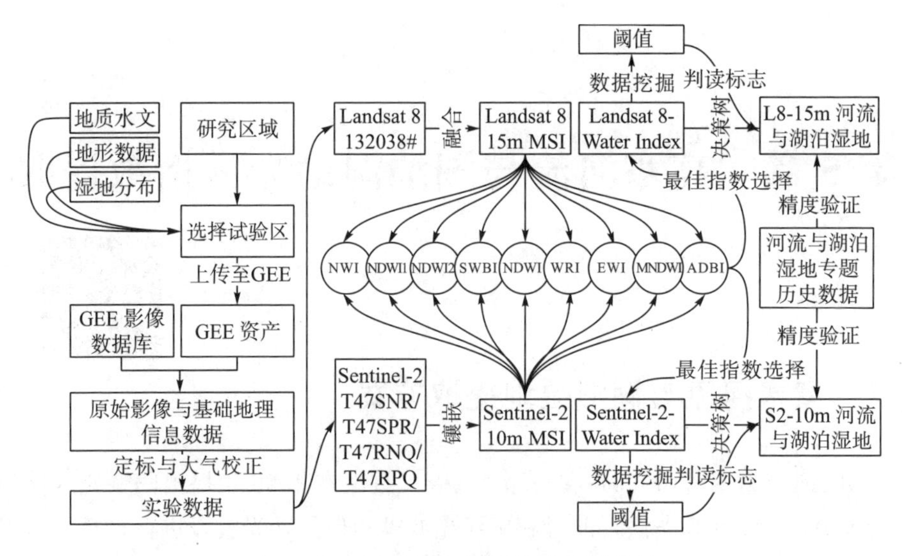

图 5—1　高寒河流与湖泊湿地提取方案

5.2　高寒河流与湖泊湿地判读标志

研究区位于三江上游、黄河上游和川西东部山地水文区，河流众多、河网密布，发育着黄河、金沙江、雅砻江、岷江和大渡河等重要水系，以及众多大小不一的高原湖泊。河流与湖泊湿地从高海拔区向低海拔区延伸发育，地形和气候的梯度变化使其形状和大小各不相同。此外，独特的林—草、林—灌交错景观使众多河流与湖泊湿地的纹理和色彩迥异。相比平原地区的河流与湖泊湿地光谱指数的提取，四川高寒河流与湖泊湿地的识别易受到山地地形、复杂地表覆盖、多变气候的影响。因此，对四川高寒河流与湖泊湿地水体指数进行计算与提取前，应建立良好的影像水体判读标志，借助水体判读标志全面掌握四川河流与湖泊湿地分布规律、水体色调、水体纹理以及湖泊湿地大小和形状特征，进而为后续水体指数分类和面积估算提供参考。本章基于 Landsat 8 和 Sentinel—2 多光谱影像进行水体指数计算，所以影像判读标志（表 5—1）是以 Landsat 8 和 Sentinel—2 为主进行建立的，同时参考 Sentinel—1（丰水期与枯水期差值图）、ALOS Pal SAR 数据和 Google 影像/照片。研究区河流与湖泊湿地分布众多，解译标志需要具有一定代表性，故选择不同纬度和不同海拔地区 L8、S2、S1、Pal SAR、Google 影像上河流与湖泊湿地图斑，并结合 Google 照片来描述河流与湖泊湿地的形状、纹理和色彩特征（表 5—1）。

表 5－1　高寒河流与湖泊湿地遥感判读标志

序号	位置(°)	区域	名称	Google 影像/照片		S2 影像(B432)	L8 影像(B432)	S1 影像(VV)	PAL 影像(HH)
1	100.1，29.4	稻城	兴伊措	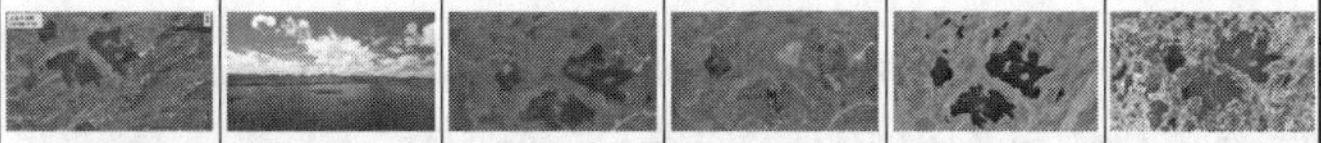					
2	99.55，30.33	白玉	双子湖						
3	99.73，30.15	理塘	若根措						
4	99.11，31.85	德格	新路海	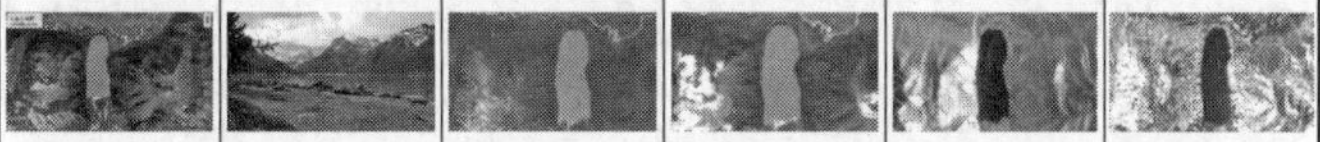					
5	98.26，33.06	石渠	未知	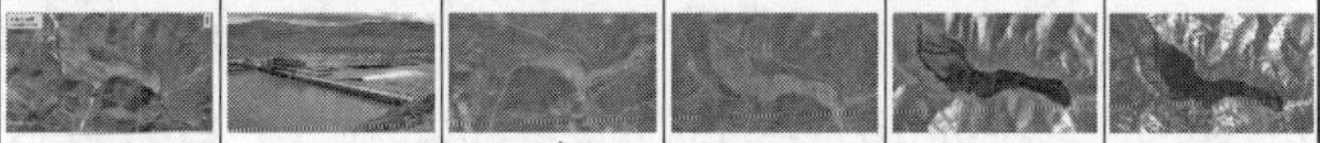					
6	100.25，31.65	甘孜	卡莎措	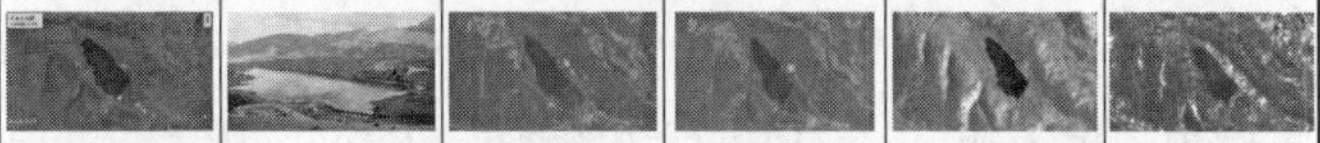					
7	100.8，27.7	盐源	泸沽湖	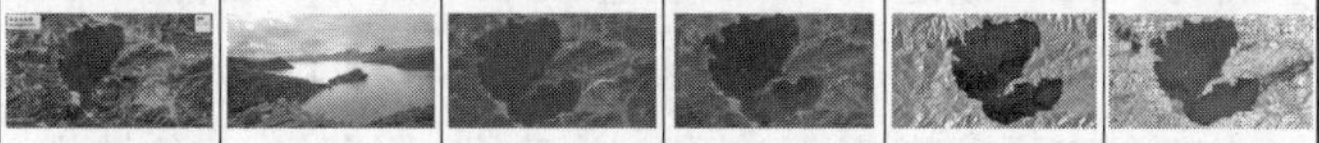					
8	101.5，26.9	盐边	二滩水库						
9	102.1，26.35	会里	大海子库						
10	102.8，26.85	宁南	西瑶水库						
11	102.3，27.8	西昌	邛海						
12	102.34，28.5	越西	连三海	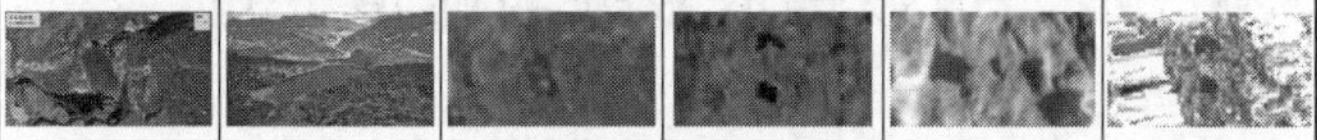					
13	102.51，29.33	汉源	汉源水库						
14	102.73，30.7	宝兴	硗碛水库	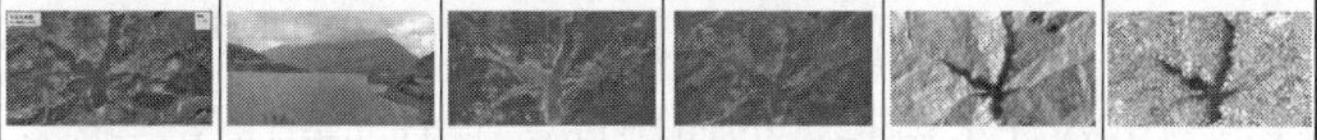					
15	103.9，33.2	九寨沟	犀牛海	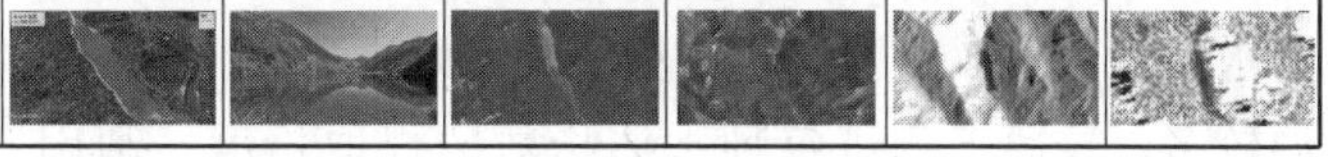					

5.3 高寒河流与湖泊湿地水体指数计算

水体指数计算的核心思想是针对不同传感器中对水体较为敏感的波段（吸收率较高或反射率较高）进行光谱运算，增强水体信号在背景信息中的强度，通过数据挖掘计算出水体信息和背景信息的临界值，以此临界值（阈值）为基础进行分类，将水体和背景分离。通过对近年来国内外水体指数研究的跟踪和分析（Ding，2009；贺中华，2012；Mc FEETERS et al.，1996；Gao et al.，1996；Rogers，Kearney，2004；Xu，2006；Yan et al.，2007；Das et al.，2017），选取应用较为广泛的10种水体指数，旨在通过实验来研究该方法提取高寒河流与湖泊湿地的精度和可行性。筛选出水体指数，其计算主要利用可见光（0.38～0.76μm）中的红光、绿光、蓝光，红外波段中的近红外光(0.76～1.3μm）和短波红外光（1.3～2.5μm）。Landsat 8影像的相关波段空间分辨率均为30m，通过与15m全色波段（Pan）融合，可以提取15m分辨率的水体指数。而Sentinel－2影像用于水体指数计算的短波红外光波段（SWIR）与其他三个波段分辨率不一致，并且S2影像无全色波段，无法通过融合来提高空间分辨率。S2影像中能用来计算10m水体指数的波段只有红光、绿光、蓝光和近红外光，故10种水体指数只有NDWI和SWBI可以计算。传统水体指数的计算是利用桌面应用程序来完成的，其从数据获取、预处理到水体指数计算需要花费较长时间。因此，本书整合本地基础地理信息数据和GEE影像库，通过云计算方式完成10种水体指数的计算。

5.4 水体指数提取效果与阈值分析

5.4.1 水体指数提取效果分析

鉴于四川高寒河流与湖泊湿地分布区地形复杂多样，为了提高湿地提取精度，测试各种水体指数的通用性，本书选取甘孜、色达、炉霍、新龙等区域作为水体指数提取实验区。实验区北部地形平坦，南部陡峭，河网密布，高寒湖泊较多，较适于测试每种水体指数的提取精度。利用GEE对2018—2020年Landsat 8 OLI（132038）和Sentinel－2（T47SNR/T47SPR/T47RNQ/T47RPQ）进行筛选，获取质量较好的Landsat 8 OLI数据（2019.08.16）和Sentinel－2（2019.08.11）进行定标、融合与镶嵌处理。根据每种水体指数的定义编写计算程序，完成 10 种水体指数的计算，得到山地地区和平原地区的湖泊湿地水体指数栅格（图 5−2、图 5−3）、山地地区的河流湿地水体指数栅格（图 5−4），以及 Landsat 8 与 Sentinel−2 河流与湖泊湿地水体指数对比结果（图 5−5）。

山地地区湖泊湿地水体指数的提取容易受到山体阴影和冰雪覆盖的影响，这也是四川高寒湖泊湿地提取的难点。通过对 9 种（ABDI1 与 ADB2 取平均）水体指数进行计算，得到山地地区湖泊湿地水体指数（图 5−2），可以看出除 NDWI1 和 SWBI 外，湖泊湿地主要分布在指数的高值区。NWI、NDWI2、MNDWI、EWI、WRI 指数中的湖泊湿地信息与背景信息具有较高对比度（数值差异大），便于图像分割与湖泊提取。总体而言，9 种水体指数对山地地区湖泊湿地提取效果排序为：NWI>NDWI2>MNDWI>EWI>WRI>NDWI>ADBI>SWBI>NDWI1。9 种水体指数对平原地区湖泊湿地的提取效果均较好。从数值分布来看，NWI 和 MNDWI 最佳，其次为 NDWI2 和 EWI，再次为 WRI、NDWI、ADBI，最后为 NDWI1。对于山地地区，山体阴影对河流湿地水体计算的影响更加明显，河谷两侧太阳高度角变化产生的阴影会导致遥感光谱反射率降低。河流湿地计算结果显示，NWI、NDWI、NDWI2、EWI、MNDWI 的提取效果较好，其次为 SWBI，再次为 ADBI，而 NDWI1 和 WRI 无法较好地识别河流湿地。利用 L8 OLI 影像可见光、近红外光和短波红外光来提取 9 种水体指数，S2 MSI 与 L8 OLI 的波段光谱信息存在一定差异，最明显是 S2 近红外光波段的带宽更宽（0. 784～0. 9μm），而 L8 近红外光波段的带宽为 0. 85～0. 89μm。此外，S2 数据的空间分辨率为 10m，优于 L8 融合后的 15m。通过对典型地区湖泊与河流湿地的 NDWI 和 SWBI 进行对比（图 5−5）可以看出，S2 数据识别湖泊湿地的效果更好，而识别河流湿地的效果差异不明显。

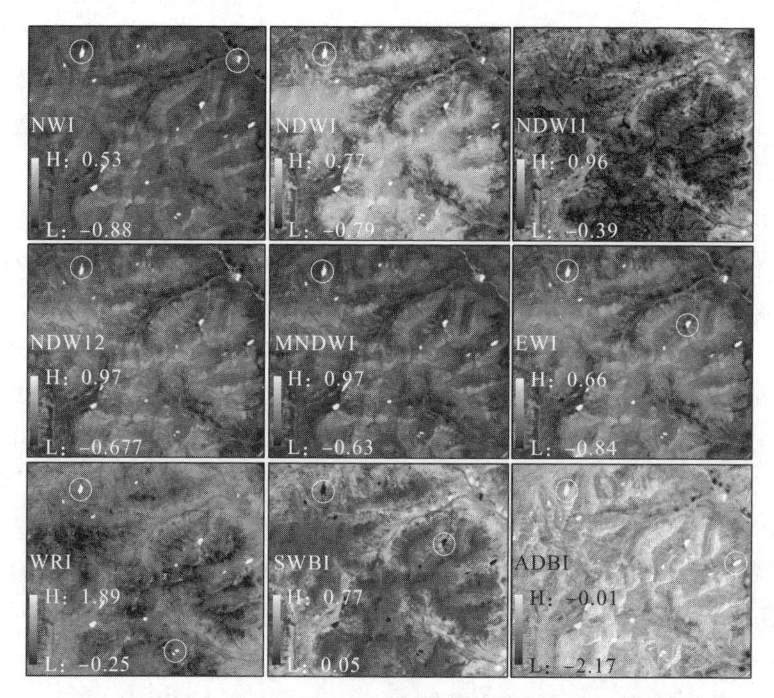

图 5-2 Landsat 8 高寒湖泊湿地水体指数（山地地区）

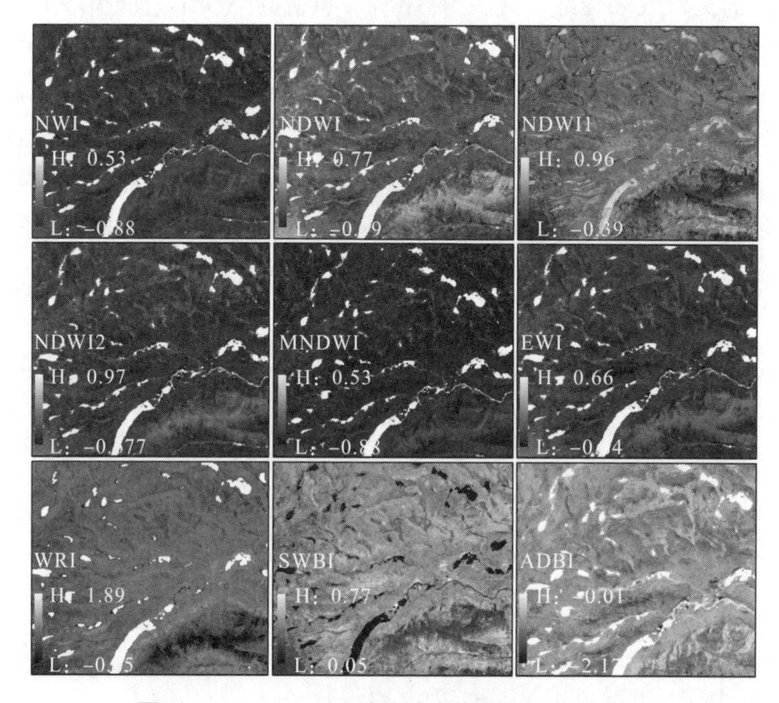

图 5-3 Landsat 8 湖泊湿地水体指数（平原地区）

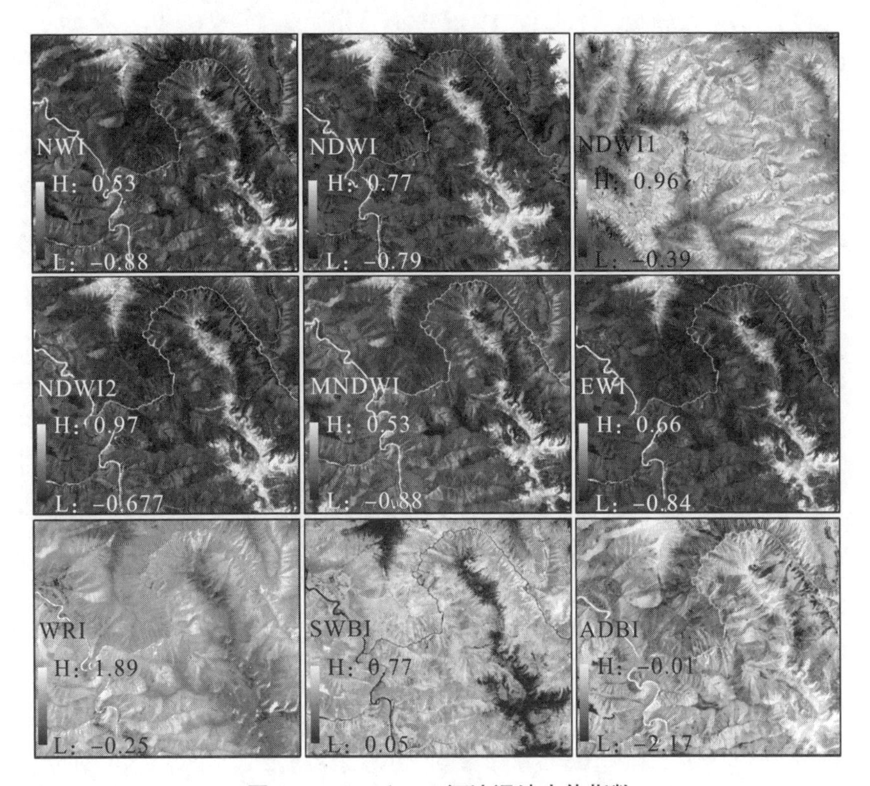

图 5−4　Landsat 8 河流湿地水体指数

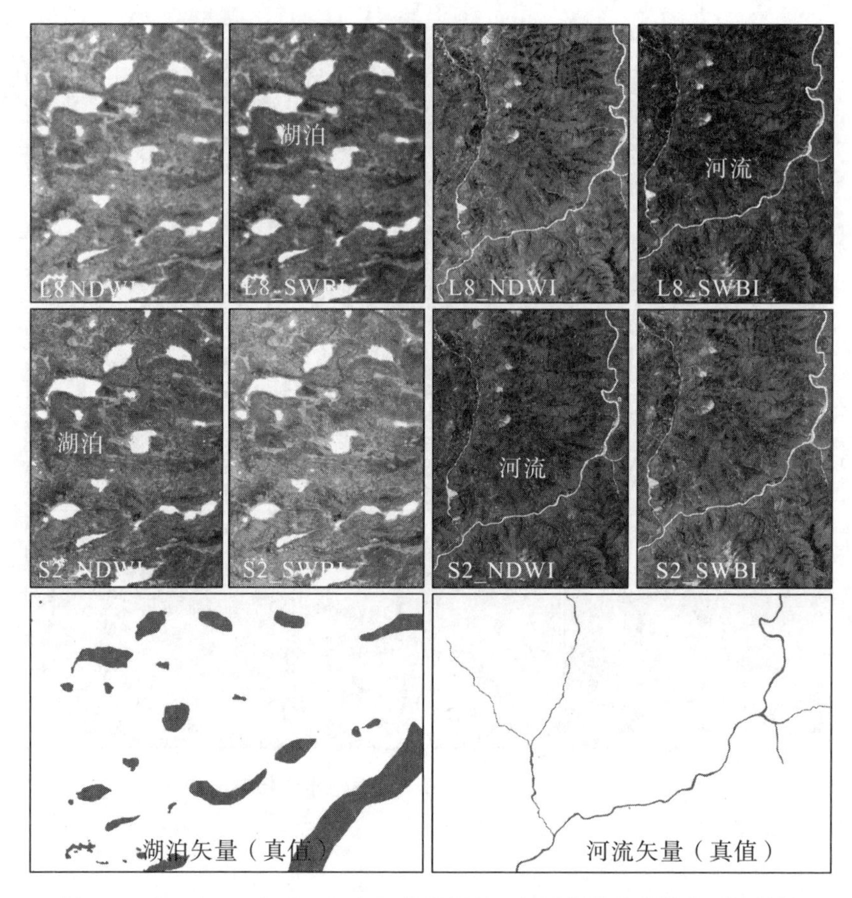

图 5－5　Landsat 8 与 Sentinel－2 湖泊湿地、河流湿地水体指数对比结果

5.4.2　水体指数数值分布分析

分析不同水体指数，NDWI1 和 WRI 对河流湿地信息提取效果较差，故在探索河流与湖泊湿地和背景信息间阈值范围过程中将二者剔除。分析河流与湖泊湿地分布阈值时，只对 NWI、NDWI、NDWI2、MNDWI、EWI、SWBI、ADBI 七种水体指数进行数据挖掘。根据实验区河流与湖泊湿地分布规律和密集程度，基于该地区 L8－15m、S2－10m 真彩影像和水体判读标志进行湿地取样（3pt×3pt），分析样本上不同水体指数的数值分布，确定实验区河流与湖泊湿地阈值分布范围，以此为参考进行后续决策树分类提取。通过对河流与湖泊湿地采样和数值分析，得到实验区河流与湖泊湿地七种水体指数分布规律（图 5－6、图 5－7）。如图 5－6 所示，湖泊湿地水体指数主要分布在－0.76～0.55，其中 SWBI 主要分布在低值区，其他六种水体指数分布在高值

区。河流湿地水体指数数值主要分布在－0.81～0.52，分布规律与湖泊湿地基本一致。为了更好地研究河流湿地信息不同水体指数的分布特征，对七种水体指数直方图进行 S－G 滤波处理（Savitzky，Golay，1964），获取河流与湖泊湿地不同水体指数的分布总体特征。通过直方图结合不同水体指数进行训练，得出河流与湖泊湿地决策树分类的临界值：NWI GT 为－0.65，NDWI GT 为－0.35，NDWI2 GT 为－0.25，MNDWI GT 为－0.1，EWI GT 为－0.3，SWBI LT 为 0.4，ADBI1 LT 为－0.15。

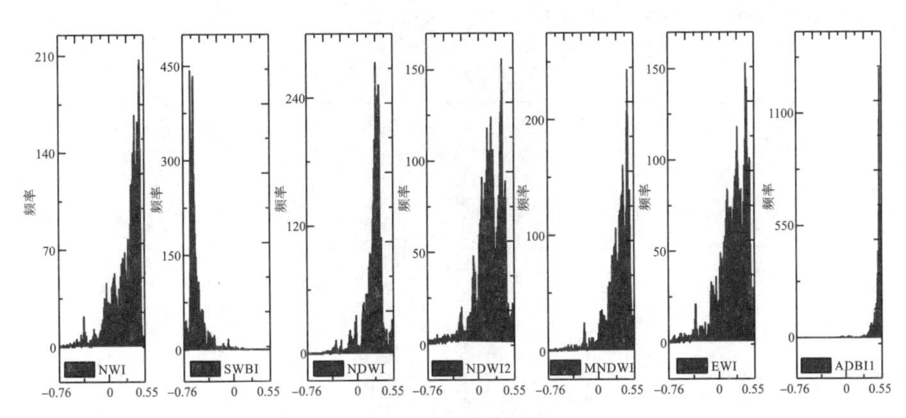

图 5－6　湖泊湿地水体指数分布规律

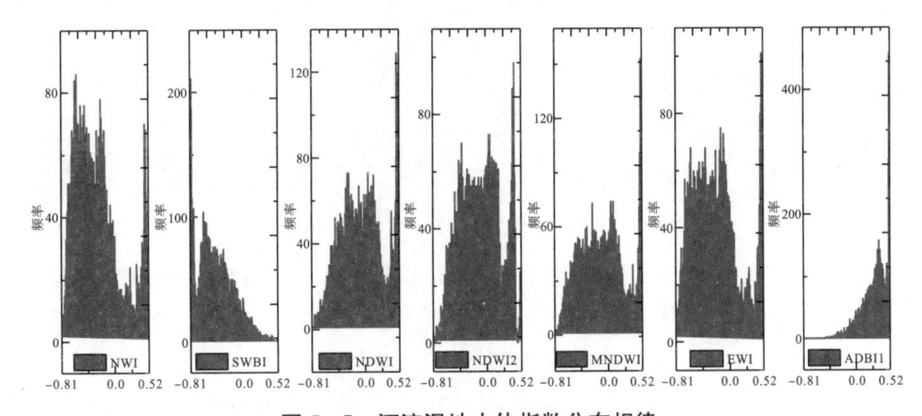

图 5－7　河流湿地水体指数分布规律

5.5　高寒河流与湖泊湿地信息提取

永久性河流与湖泊湿地主要是指水域范围季节性变化较小，分布面积（宽度）较大，形状较规则，在影像上容易识别。永久性河流与湖泊湿地在 10m、

15m空间分辨率的Landsat 8影像上较容易识别和提取。利用NWI、NDWI、NDWI2、MNDWI、EWI、SWBI和ADBI七种水体指数对川西地区永久性湖泊与河流湿地信息进行提取。参考第二次全国湿地资源调查技术规范，将丰水期的河流、湖泊范围作为湿地进行统计。影像源成像时间为2018—2020年（6月下旬至9月上旬）。利用GEE云计算平台对七种水体指数进行计算，使用每种水体指数已计算出的阈值范围，对川西地区永久性河流与湖泊湿地进行决策树分类，得到永久性河流与湖泊湿地图斑（表5-2）。总体来看，每种水体指数对永久性河流与湖泊湿地的识别效果均较好。

表5-2　永久性高寒河流与湖泊湿地图斑

名称	NWI	NDWI	NDWI2	MNDWI	EWI	SWBI	ABDI1
万源	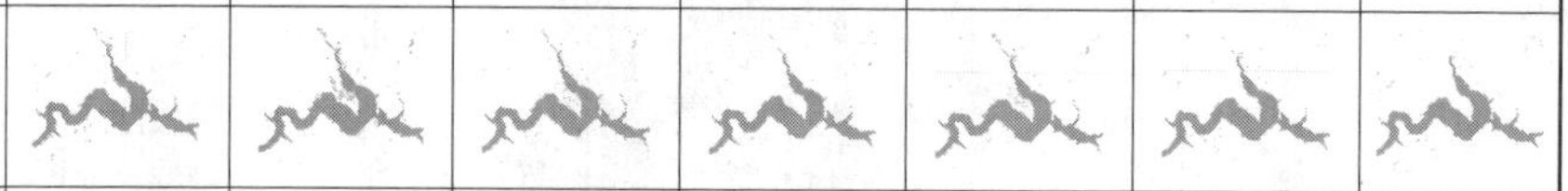						
新龙	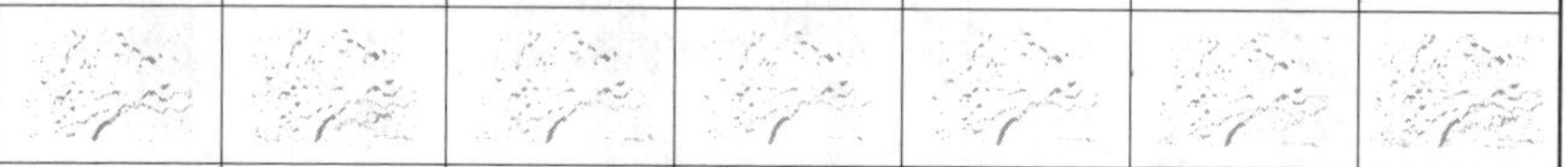						
海子山							
石渠							
若尔盖	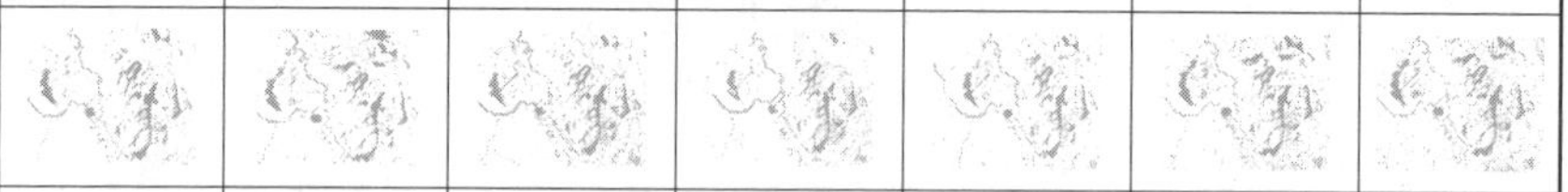						
泸沽湖	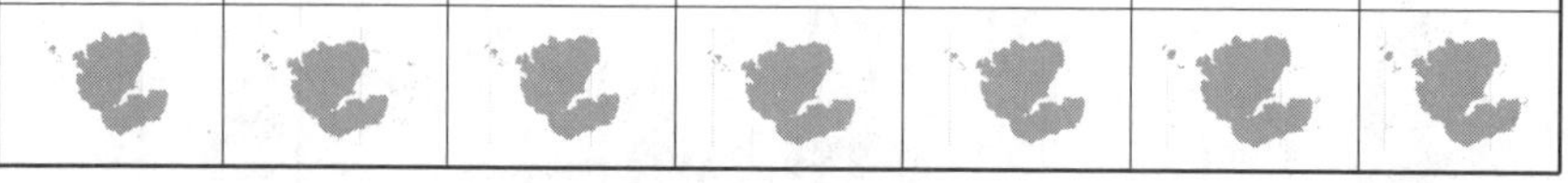						

相较于永久性河流与湖泊湿地，季节性河流与湖泊湿地的季节变化明显，有一定间歇性，且形状分布不规则，提取更加困难。川西地区湖泊与河流分布众多，尤其是季节性湖泊湿地（面积较小、季节变化大）和季节性河流湿地（河谷窄、受植被冠层遮挡、间歇性断流），该种类型的河流与湖泊湿地的信息提取容易受到山体阴影、植被冠层、冰雪等因素干扰（图5-8）。通过对每种水体指数的提取效果进行分析，掌握了河流与湖泊湿地的水体指数分布规律和阈值范围。利用GEE云计算平台对季节性河流与湖泊湿地进行信息提取。NWI阈值为NWI>−0.65，利用该数值对河流与湖泊湿地进行信息提取，提取结果如图5-9所示，平原地区河流与湖泊湿地的信息提取效果均较好，而山地地区河流提取受到山体阴影的影响明显。SWBI和NDWI受到冰雪覆盖的

影响导致湖泊湿地信息提取的效果不理想。MNDWI、NDWI2 和 EWI 在最佳阈值范围内，对山地地区和平原地区的河流与湖泊湿地信息提取效果均较好。

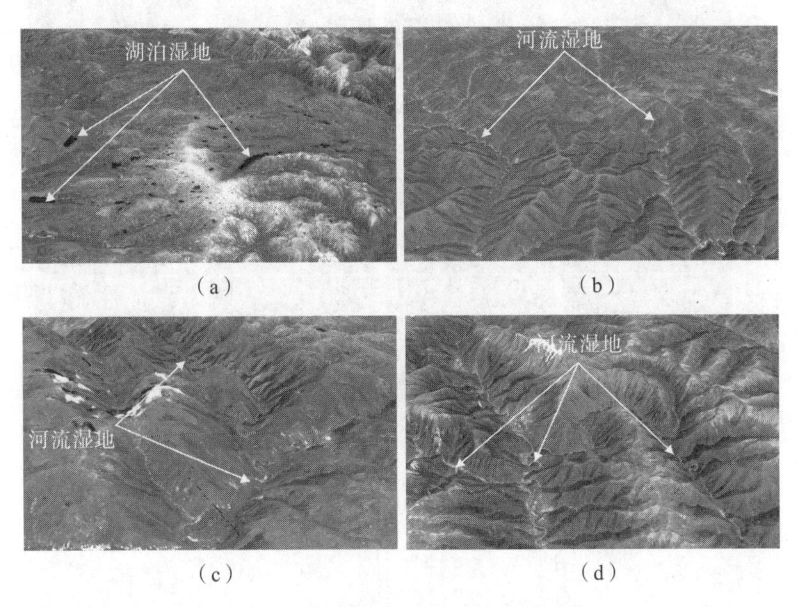

图 5-8　季节性河流与湖泊湿地分布

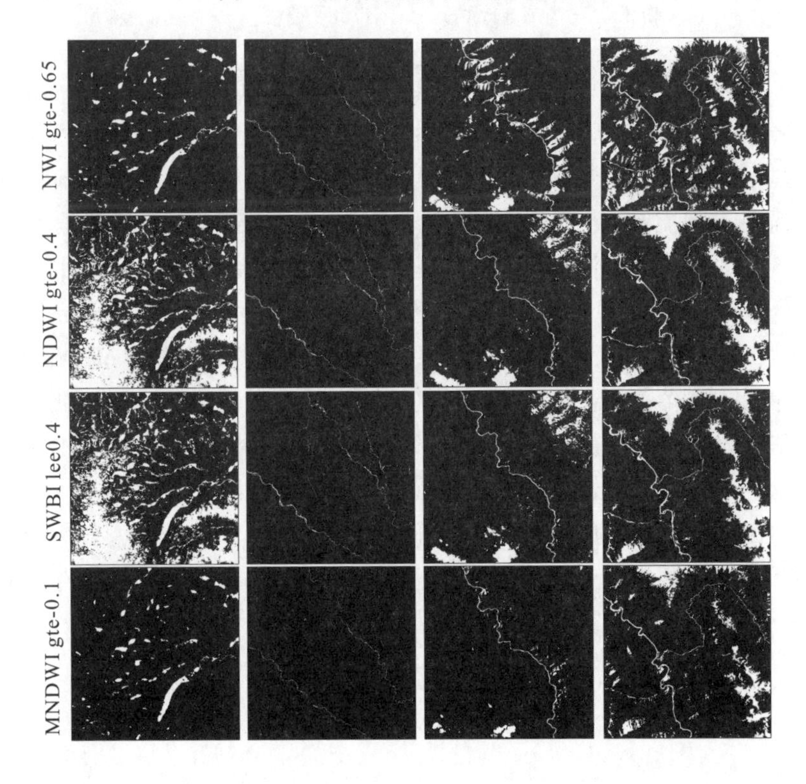

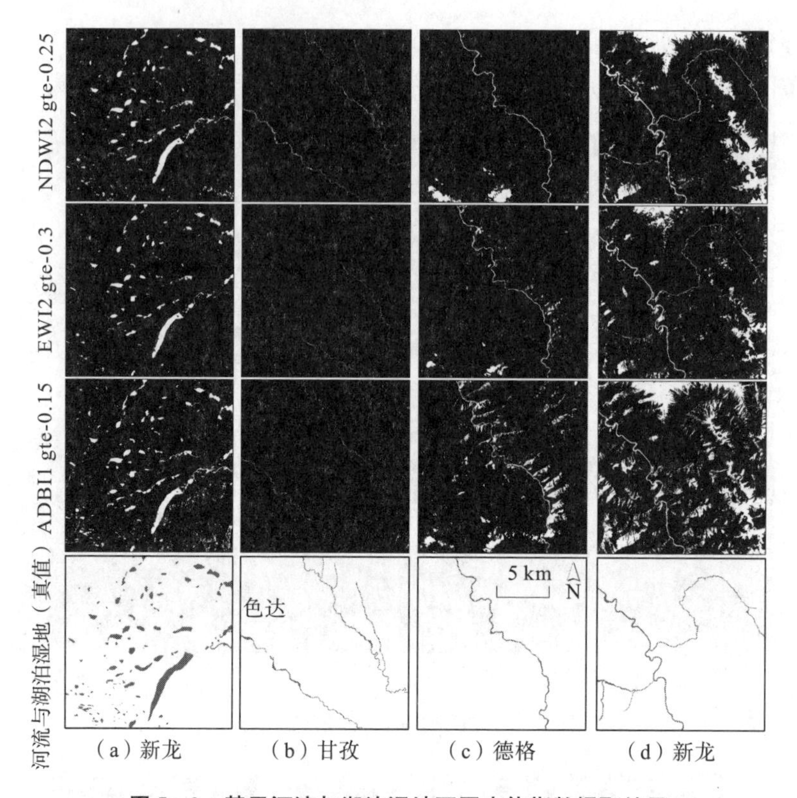

图 5−9　基于河流与湖泊湿地不同水体指数提取结果

整合多种水体指数及 L8 和 S2 两种影像数据对川西地区永久性/季节性高寒河流与湖泊湿地信息提取实验，结果表明，七种水体指数可以较好地完成永久性高寒湖泊与河流湿地信息提取，其中 MNDWI、NDWI2 和 EWI 适合对地形起伏较大地区的河流与湖泊湿地的信息提取。因此，利用 GEE 云计算平台完成整个研究区内 2018—2020 年（6 月下旬至 9 月上旬）Landsat 8 和 Sentinel−2 遥感数据的处理（筛选、辐射定标、融合、镶嵌）。依据 MNDWI、NDWI2 和 EWI 的计算程序和阈值范围，提取研究区河流与湖泊水域范围 L8 和 S2 数据。通过栅格−矢量转换及三种数据之间的插补，完成四川高寒河流与湖泊湿地制图［图 5−10（a）（b）］。此外，以 Google 影像为基础结合影像判读标志（表 5−2），通过目视解译提取出四川高寒河流与湖泊湿地［图 5−10（c）］。总体来看，基于云计算和水体指数提取河流与湖泊湿地信息的效率更高，提取的河流与湖泊湿地面积大于目视解译的结果。

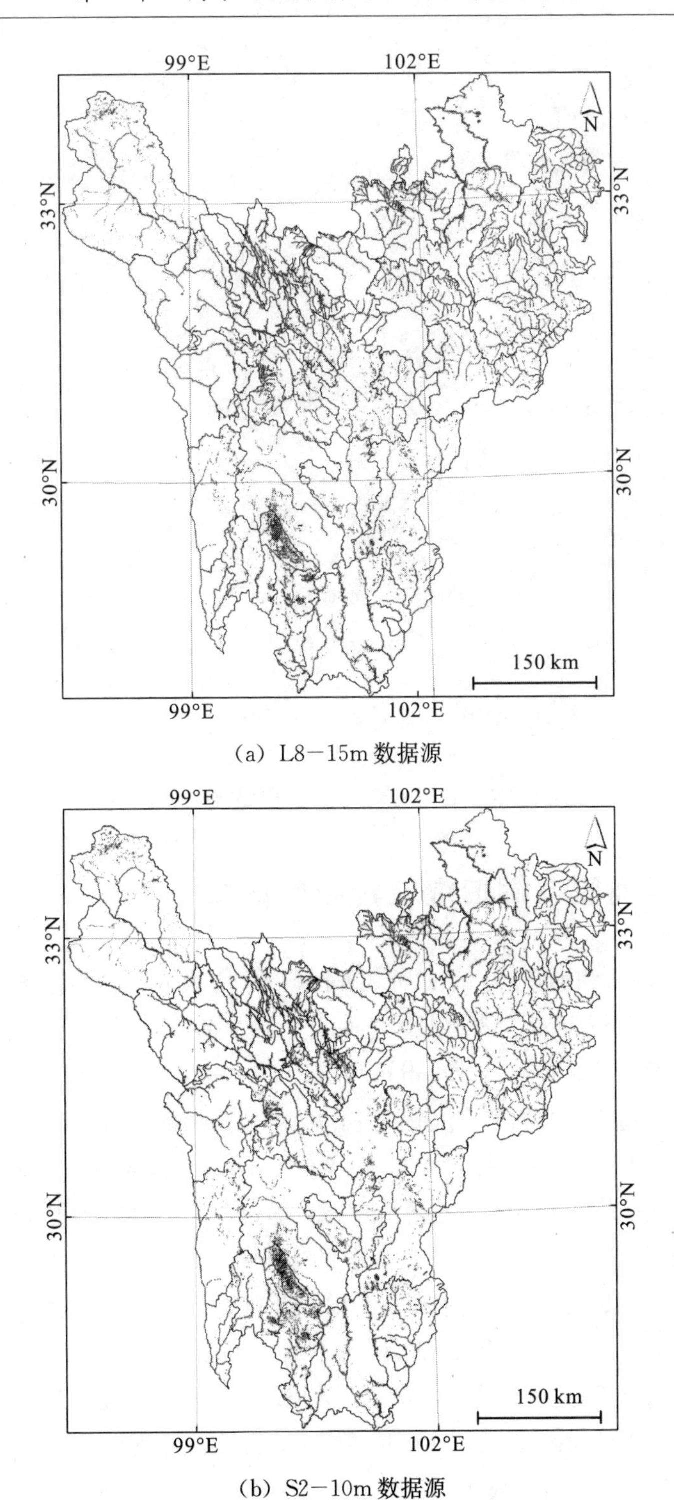

（a）L8－15m 数据源

（b）S2－10m 数据源

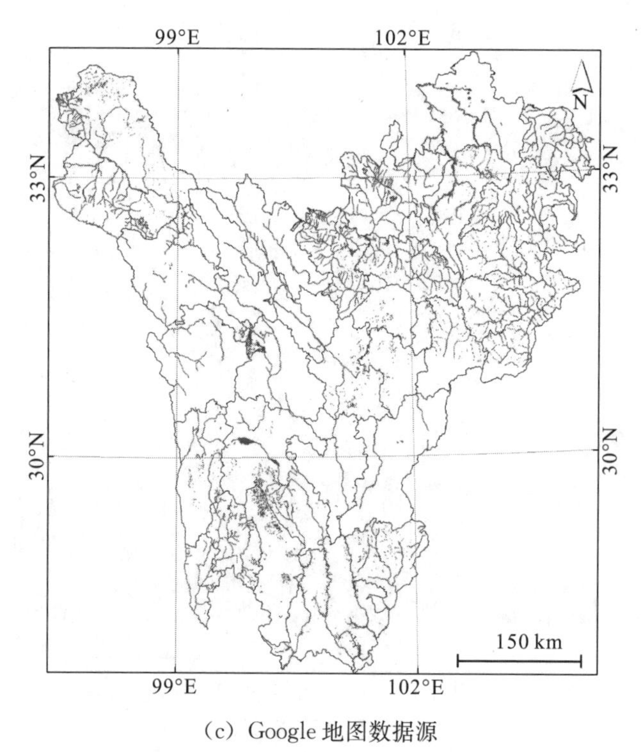

（c）Google 地图数据源

图 5－10　四川高寒河流与湖泊湿地空间分布

5.6　高寒河流与湖泊湿地资源量估算

对 Landsat 8 和 Sentinel－2 两种数据提取的湖泊与河流湿地图斑进行统计分析（表 5－3），研究区高寒湖泊湿地总面积分别为 30728.78hm^2 和 31560.11hm^2，河流湿地总面积分别为 159107.03hm^2 和 159418.00hm^2。与 Landsat 8 数据相比，Sentinel－2 数据提取的湖泊湿地总面积多 831.33hm^2，河流湿地总面积多 310.97hm^2。S2－10m 空间分辨率高于 L8－15m，故湿地资源量提取精度更高，能更好地识别小块的河流与湖泊湿地图斑。通过与第二次四川省湿地资源调查数据（大于 8hm^2）相比，本书方法提取的单个河流与湖泊湿地图斑面积更小。与第二次四川省湿地资源调查中湖泊湿地调查数据相比，S2 数据提取的湖泊湿地面积大 1318.11hm^2，河流湿地面积大 920.00hm^2。对河流与湖泊湿地进行同口径转换（剔除 8hm^2 以下图斑）后，S2 数据提取的河流与湖泊湿地分别增加了 650.20hm^2 和 410.45hm^2。第二次四川省湿地资源调查使用的是 30m 空间分辨率影像，故得荣与红原分布较小的湖泊湿地没有被统计。本书在计算中识别出红原南部湖泊湿地总面积为 109.53hm²，得荣东南部地区湖泊湿地面积为 66.23hm²，其中最小的湖泊湿地分布在得荣次仁措西南地区（0.83hm²）。由表 5−3可以看出，川西地区湖泊湿地资源量主要分布在石渠、稻城、雅江、若尔盖、理塘、新龙、巴塘等地区，面积均在 1600.00hm² 以上。河流湿地资源量主要分布在石渠、若尔盖、甘孜、德格、康定、色达、红原等地区。

表 5−3　四川高寒湿地资源量提取结果与分布

数据源（L8）	分布区	湖泊湿地（hm²）	河流湿地（hm²）	数据源（S2）	分布区	湖泊湿地（hm²）	河流湿地（hm²）
L8−15m	石渠	6495.09	33104.98	S2−10m	石渠	6504.64	33162.80
	德格	536.13	9498.77		德格	545.68	9506.54
	甘孜	106.21	12690.20		甘孜	115.76	12898.00
	色达	40.61	5895.11		色达	49.16	5902.88
	白玉	675.42	5034.66		白玉	684.97	5042.43
	新龙	1797.25	3196.73		新龙	1806.80	3204.50
	炉霍	151.46	2424.09		炉霍	161.01	2431.86
	道孚	666.43	3510.26		道孚	675.98	3518.03
	丹巴	245.03	2041.39		丹巴	254.58	2049.16
	巴塘	1611.83	2692.97		巴塘	1654.38	2700.74
	理塘	2273	4487.20		理塘	2292.55	4294.97
	雅江	3589.15	3483.25		雅江	3592.70	3491.02
	康定	1197.9	5898.92		康定	1207.45	6016.69
	得荣	52.19	2029.03		得荣	66.23	2066.80
	乡城	314.06	2261.81		乡城	323.61	2269.58
	稻城	4114.88	2204.60		稻城	4624.43	2212.37
	九龙	625.43	1981.06		九龙	634.98	1988.83
	木里	221.62	4073.66		木里	231.17	4081.43
	若尔盖	2886.95	14689.81		若尔盖	2896.50	14697.60
	阿坝	394.23	3783.73		阿坝	403.78	3791.50
	红原	84.19	5181.70		红原	109.53	5089.47
	松潘	182.79	3723.63		松潘	183.34	3731.40
	九寨	492.27	1477.31		九寨	501.82	1485.08

续表

数据源（L8）	分布区	湖泊湿地（hm^2）	河流湿地（hm^2）	数据源（S2）	分布区	湖泊湿地（hm^2）	河流湿地（hm^2）
L8－15m	马尔康	132.56	3825.64	S2－10m	马尔康	132.11	3833.41
	黑水	188.19	2011.05		黑水	197.74	2018.82
	茂县	291.76	2527.35		茂县	301.31	2535.12
	理县	425.06	1792.83		理县	434.61	1800.60
	壤塘	165.02	4616.89		壤塘	174.57	4624.66
	金川	485.73	2799.55		金川	495.28	2807.32
	汶川	109.51	3317.24		汶川	117.06	3325.01
	小金	176.83	2851.61		小金	186.38	2839.38

第6章　高寒湿地时空变化特征与趋势模拟

6.1　高寒湿地时空变化特征

遵循湿地样带应具有一定代表性，兼顾高—低纬度区、高—低海拔区，覆盖沼泽湿地、湖泊湿地、河流湿地等基本类型。因此，选取红原、若尔盖、石渠、稻城、新龙五个典型湿地分布区，并依据每个地区湿地空间分布范围设置70km×60km五个样带（表6−1）。通过近20年五个样带湿地植被、水文及湿地面积的变化来分析四川高寒湿地总体变化趋势和空间分布。

表6−1　四川高寒湿地样带及其湿地类型

样带编号	位置	湿地类型	河流水系	湿地水源补给形式
Plot 1	红原	草本—灌丛沼泽、河流湿地	黄河流域（白河）	冰雪融水、降水、地表径流
Plot 2	若尔盖	草本沼泽、河流—湖泊湿地	黄河流域（黑河）、白龙江支流	降水、地表径流
Plot 3	石渠	草本沼泽、湖泊湿地	雅砻江流域（牙河、热曲、麻摩柯河）	冰雪融水、地表径流、降水
Plot 4	稻城	湖泊湿地、灌丛沼泽、河流—湖泊湿地	拉波河、水落河、硕衣河	冰雪融水、降水
Plot 5	新龙	灌丛—草本沼泽、河流—湖泊湿地	金沙江流域（赠曲）、雅砻江中段	冰雪融水、地表径流、降水

6.1.1　高寒湿地季节变化特征

（1）湿地植被季节变化。

四川高寒湿地植被与水河季节变化如图6−1所示。由图可知，DOY001～

113（1—3 月初）和 DOY305～353（11—12 月底）地表积雪覆盖较多，而 DOY129～289 期间湿地植被活力较旺盛。从川西地区不同湿地类型样带的 NDVI 季节变化［图 6－2（a）］来看，五个样带 NDVI 变化都呈现单峰特征，NDVI 最高值出现在 DOY180～220 之间。湿地样带间跨越不同的纬度带，使 NDVI 峰值出现的具体时间也有一定差异，其中红原南部湿地 NDVI 峰值出现在 DOY180（7 月初）左右，而海子山地区的 NDVI 峰值出现在 DOY220（8 月中旬）左右。高寒湿地 NDVI 季节变化趋势［图 6－2（a）］与湿地植被水体季节变化（图 6－1）是一致的。结合图 6－2（b）可以看出四川高寒湿地典型样带，7 月初至 8 月中旬（DOY180～220）是湿地植被和水文状态最佳时段，也是进行湿地变化监测丰水期窗口。此外，DOY270～290 是四川高寒湿地枯水期，同时地表冰雪覆盖较少，可以作为湿地变化监测的枯水期窗口。

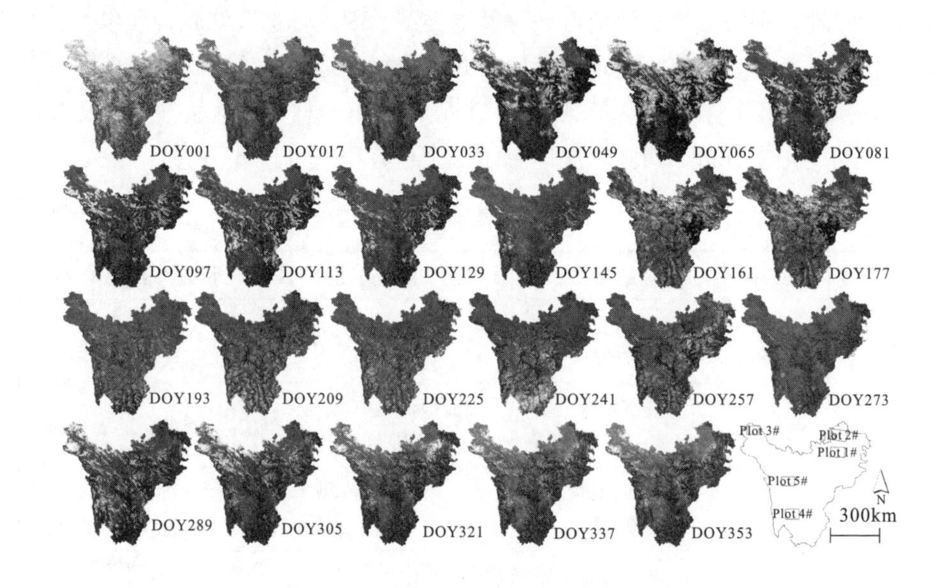

图 6－1　四川高寒湿地植被与水体季节变化

（2020 年 MODIS－16D 假彩合成影像）

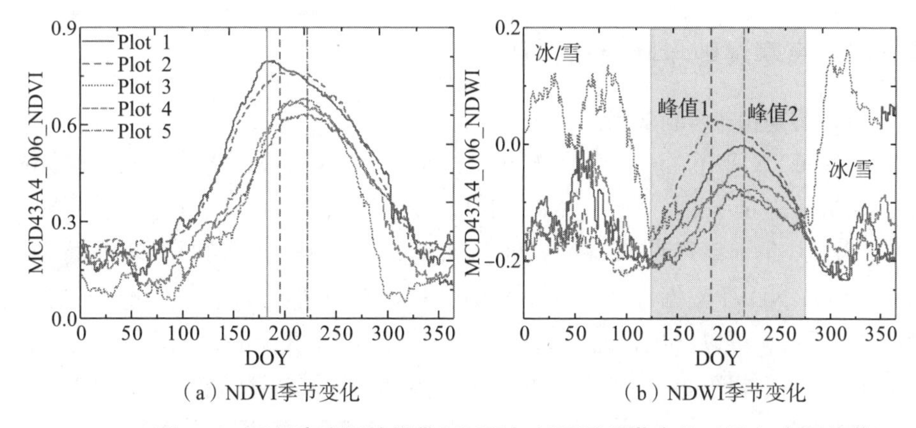

（a）NDVI季节变化　　（b）NDWI季节变化

图 6-2　四川高寒湿地样带 NDVI 与 NDWI 季节变化（近 20 年平均值）

（2）湿地水文季节变化。

地表土壤过饱和而积水是湿地发生发育的根本要素，NDWI 是利用地表水对红外波段具有高吸收这一特性，计算出的表征水体分布特征指数，因此，可以利用四川高寒湿地 NDWI 变化来表征水体变化趋势，这一水体分布特征指数也是进行地表水提取及变化监测的最重要的参数（Belward et al.，2016；张浩斌等，2015；Zou et al.，2017）。对四川高寒湿地区近 20 年的 NDWI 数据进行计算，得到湿地水体季节变化特征［图 6-2（b）］。从统计结果可以看出，四川高寒湿地 NDWI 季节变化趋势主要呈现双峰和三峰特征，其中第一和第三个波峰主要是地表有冰雪覆盖造成的，而第二个波峰则是反应地表水体的季节变化趋势。从 DOY125（4 月初）开始，NDWI 出现快速增加趋势，表明随着温度升高，冰雪融化给湿地带来补给，同时累加降水补给直至 7 月初湿地样带达到丰水期。Plot 2（若尔盖沼泽湿地）NDWI 峰值出现较早且绝对值较高，主要是该湿地样带海拔较低，有冰雪融水和降水两种重要水源补给形式。Plot 1、Plot 3、Plot 4 和 Plot 5 海拔较高，NDWI 峰值出现在 8 月初。Plot 1 和 Plot 2 湿地样带发育黑河、白河，其分别发源于红原县的哲波山和嘎哇达则，向北流经若尔盖县，并且最终注入黄河（李金晶等，2014）。冰雪融水形成的地表径流是湿地水源的重要补给形式。Plot 3 位于石渠县的长沙贡玛国家级自然保护区，地处高纬地区，地表水受温度控制较为明显，较早进入积雪覆盖期且融化时间较晚。

6.1.2 高寒湿地年际变化特征

(1) 湿地植被年际变化。

利用 GEE 平台的 MKM 趋势分析算法（Gocic et al.，2013；Yavuz，2018；Wang et al.，2019；Morell O，2009；Pohlert，2020）对研究区2000—2020年干季（DOY270～290）和湿季（DOY180～220）两个时期的MOD13Q1 NDVI 数据进行 MKM 趋势分析，并且进行 P 检验，分析结果如图 6-3 所示。可以看出，四川高寒湿地分布区植被减少的主要分布在北部和中部地区，植被增加的主要分布在东部和南部地区。湿季［图 6-3 (a)］，典型湿地样带（Plot 1、Plot 2 和 Plot 4）中多个区域湿地植被呈现下降趋势，并表现为斑块状分布。干季［图 6-3 (b)］，在典型湿地样带 Plto 3 和 Plto 5，大部分区域植被呈现下降趋势，这两个样带分别位于石渠县的长沙贡玛国家级自然保护区和新龙县，湿地类型为草本沼泽和灌丛沼泽。总体来看，典型湿地样带 Plot 1、Plot 2 和 Plot 4 的湿地植被存在较为明显的退化现象。非典型湿地样带中，炉霍、壤塘等地区也存在一定程度的植被退化。

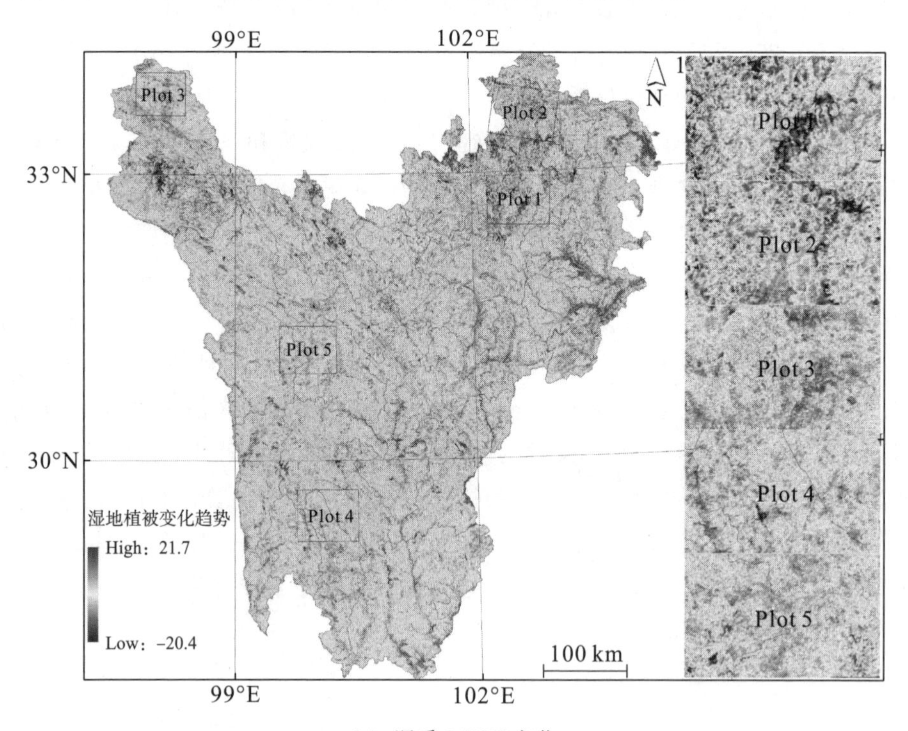

(a) 湿季 NDVI 变化

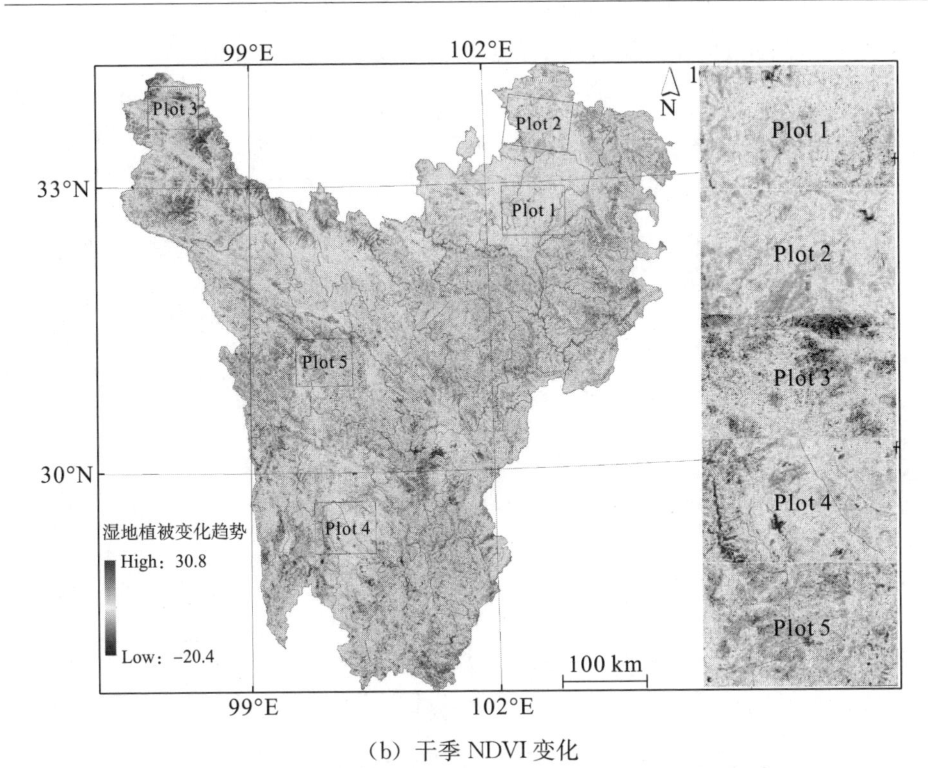

（b）干季 NDVI 变化

图 6−3　川西地区及典型湿地分布样带植被 2000—2020 年变化

图 6−4 为四川高寒湿地 Plot 1～Plot 5 NDVI/EVI 植被变化趋势。结果显示，湿季，五个样带中 Plot 1 NDVI 均值呈下降趋势（Slope=0.003/10a），其他四个样带 NDVI 均值呈上升趋势，Plot 4 样带 NDVI 增加趋势最快（Slope=0.03/10a）。干季，Plot 4 NDVI 均值呈下降趋势，其他四个样带呈上升趋势，其中 Plot 3 NDVI 变化波动性较大。EVI 也是表征植被变化的一种常用指数，通过 EVI 的变化趋势可以看出，Plot 1 和 Plot 2 样带呈下降趋势，其他三个样带呈上升趋势。总体而言，典型湿地样带湿地植被覆盖总体上升，但存在明显的空间分异。若尔盖、红原、海子山等地区在干、湿季存在不同程度的植被退化，其中若尔盖和红原表现较为显著（图 6−3 和图 6−4 表现一致）。

使用近 20 年的 Landsat 数据（图 6−5）对 MODIS 分析结果（图 6−3 和图 6−4）中呈下降趋势的湿地样带进行验证，从而提高湿地植被变化趋势分析精度。基于 GEE 云计算平台筛选（云量<5%，时差<1 周）出 Plot 1 和 Plot 2（1990—2020 年）Landsat 影像，并进行辐射定标、NDVI 计算和趋势分析，得到 Plot 1 和 Plot 2 30m NDVI 变化趋势［图 6−5（b）］。从圆形图像来看，Plot 1 和 Plot 2 植被覆盖下降是高寒草甸退化（Plot 1 和 Plot 2）、农田

面积变化（Plot 4）和居民区扩展（Plot 3 和 Plot 5）导致的。同时，其他学者的研究（Li et al.，2015；Shen et al.，2019；Rong et al.，2019）也证明该地区草甸面积萎缩、生态退化、耕地增加导致高寒湿地植被退化。通过验证表明，MODIS 高寒湿地植被动态和变化趋势的结果是合理且可信的。

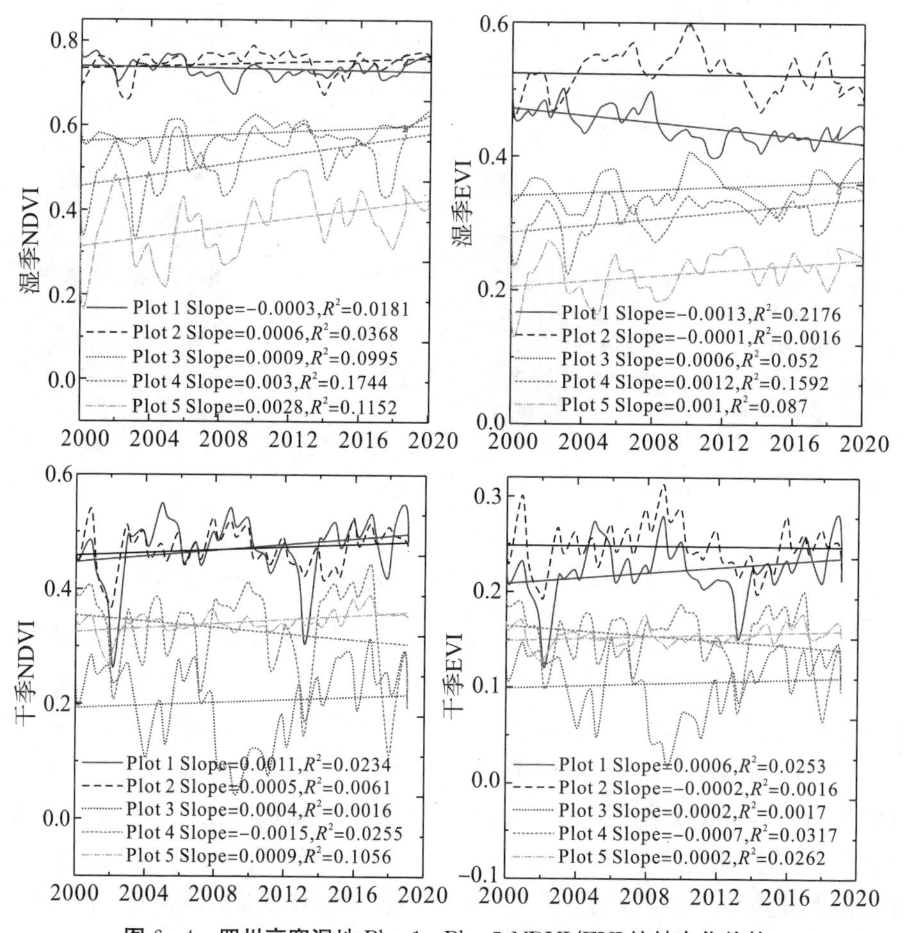

图 6-4　四川高寒湿地 Plot 1～Plot 5 NDVI/EVI **植被变化趋势**

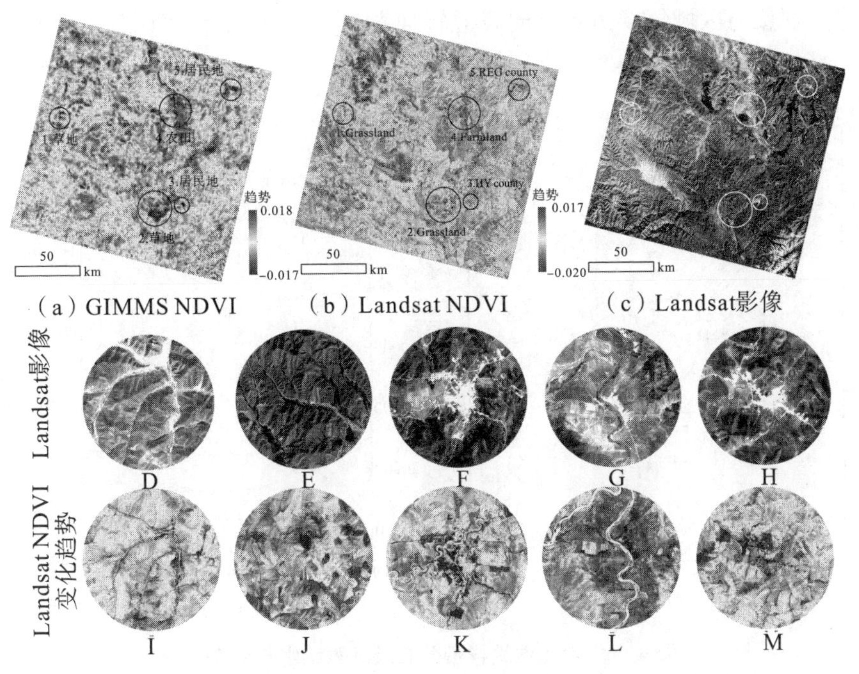

(a) GIMMS NDVI　　(b) Landsat NDVI　　(c) Landsat影像

图 6−5　Plot 1 和 Plot 2 GIMMS NDVI、Landsat NDVI 变化

(2) 湿地水文年际变化。

四川高寒湿地分布区，自西向东分布着金沙江、雅砻江、大渡河、岷江及黄河，密布的河网水系为湿地发育提供了基础条件。冰雪融水、天然降水形成地表径流并汇入更高一级河网，在此过程中，汇水区域会因地表积水而形成沼泽、湖泊等湿地。除了使用 NDWI 指数表示地表水分布和变化特征，还可以结合多光谱遥感影像水体分类数据来分析研究区湿地水体变化特征。因此，使用 JRC MWH（V1.2）数据对湿地样带内地表积水面积进行检测，进而分析近 20 年地表水面积变化趋势。具体而言，利用 GEE 云计算平台编写程序以完成年内累计超过 2 个月地表有水区域的像素统计，如果某个像素年内有水超过两个月，认为其是水域；反之，则为非水域。通过该方法统计整个研究区和五个典型湿地样带水域面积（像素个数）的变化，进而了解区域地表积水年际变化特征，结果如图 6−6（b）所示。从统计结果可知，整个研究区地表积水面积年际变化呈较为明显的上升趋势（Slope=228110pixels/10a）。其中，Plot 2 和 Plot 4 两个样带地表水域面积增加较为明显，二者分别是若尔盖沼泽湿地和海子山湖泊湿地；其他三个样带水域面积增加趋势不明显，尤其是 Plot 1（红原灌丛沼泽）。通过这种分析方法可以看出，研究区地表积水面积呈增加趋势，但速率存在明显的空间差异性。研究区地处青藏高原东缘，而地表积水面积增

加这一现象与区域气候由暖干向暖湿转换背景（姜永见等，2012；冯晓莉等，2020）相吻合。

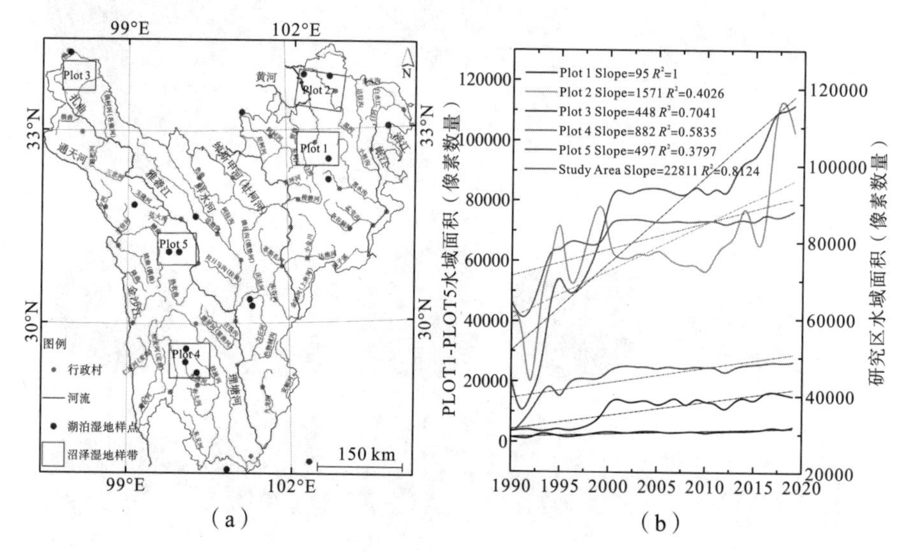

图 6－6　典型湿地样带分布及地表积水年际变化

此外，我们对典型湿地样带区域的 MODIS NDWI 和 JRC 土壤（25cm）湿度数据进行分析，结果如图 6－7 所示。从统计结果可知，除了 Plot 1 湿季 NDWI 出现微弱下降趋势（Slope＝－0.0006/10a），其余四个样带干、湿季 NDWI 均呈微弱上升趋势。Plot 4 干季 NDWI 的上升趋势最明显，而该地区的水域面积年际变化也是上升趋势最快的，二者表现一致。土壤湿度变化全部为上升趋势，其中 Plot 2 在干、湿两季都呈现最快的增加趋势，这一点与地表水域面积增加趋势是一致的。三种数据分析结果是一致的，整个四川高寒湿地典型样带地表水呈现增加趋势，其中若尔盖、海子山地区增加较明显。

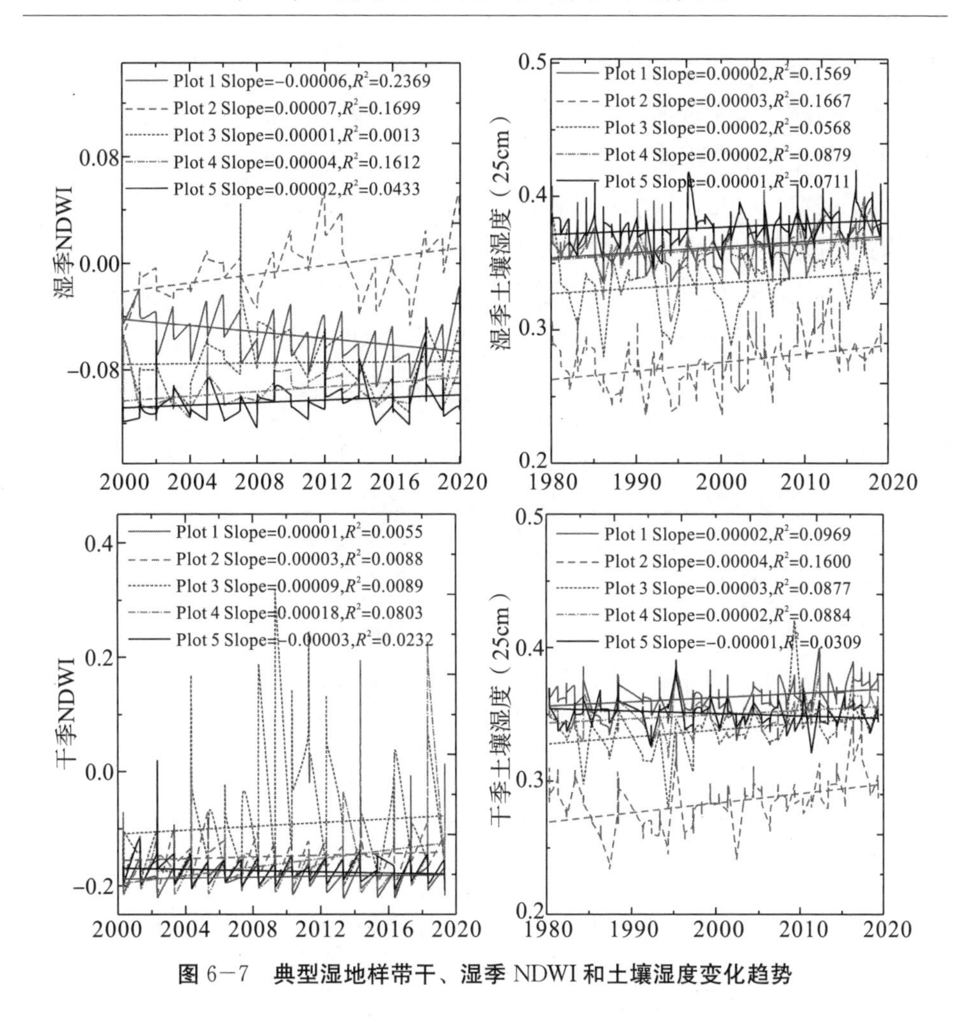

图 6－7　典型湿地样带干、湿季 NDWI 和土壤湿度变化趋势

6.1.3　高寒湿地面积变化特征

川西地区 31 个县域内的高寒湿地面积提取结果见表 6－2。本次湿地提取结果显示，沼泽湿地、湖泊湿地、河流湿地面积分别为 1745736.34hm²、31560.11hm²、159418.00hm²。同口径下与第二次四川省湿地资源调查数据相比，面积分别增加了 3741.94hm²、1318.11hm²、922.00hm²。三种湿地类型整体呈现增加趋势，其中沼泽湿地增加较为明显，主要集中在阿坝、红原、壤塘和马尔康，其他县域也呈现增加趋势，但增幅较小。湖泊湿地增加较为明显的主要分布在巴塘、理塘、稻城、得荣、红原。湿地面积变化受到影像质量提高和提取方法优化的影响，尤其是湿地面积出现较小变化时，更多是提取精度提高导致的。本次沼泽湿地提取过程中，在马尔康北和阿坝交界地区发现了小

片分布的沼泽湿地，面积约为 81.20hm²，而第二次四川省湿地资源调查时，该地区的沼泽湿地未被提取。此外，得荣、红原地区湖泊增加的主要原因也是提取方法优化。第二次四川省湿地资源调查中，仅对图斑面积大于 8hm² 的湿地进行了提取。因此，红原、得荣地区的高原湖泊湿地未被提取。总体来看，四川高寒湿地面积呈现微弱增加趋势，局部地区增幅较明显。湿地面积小幅增加与提取方法优化有关系，本次提取最小图斑面积约为 0.85hm²。部分地区出现较为明显的增减则为湿地受自然环境和人类活动影响所致。

表 6－2　四川高寒湿地面积提取结果

分布区	本次湿地提取结果（hm²）			第二次四川省湿地资源调查数据（hm²）		
	沼泽湿地	湖泊湿地	河流湿地	沼泽湿地	湖泊湿地	河流湿地
石渠	276035.62	6504.64	33162.8	275796.56	6483.74	33159.78
德格	18368.46	545.68	9506.54	18329.40	524.78	9483.57
甘孜	161633.22	115.76	12898	161414.16	94.86	12675
色达	29011.90	49.16	5902.88	28872.84	29.26	5879.91
白玉	17265.58	684.97	5042.43	17226.52	664.07	5019.46
新龙	471437.45	1706.8	3204.50	470308.39	1785.9	3181.53
炉霍	4607.66	161.01	2431.86	4568.60	140.11	2408.89
道孚	13369.32	675.98	3518.03	13346.26	655.08	3495.06
丹巴	789.05	254.58	2049.16	749.99	233.68	2026.19
巴塘	5759.45	1654.38	2700.74	5720.39	1600.48	2677.77
理塘	84908.53	2392.55	4294.97	84859.47	2261.65	4272
雅江	22612.01	3592.7	3491.02	22582.95	3577.8	3468.05
康定	14955.67	1207.45	6016.69	14916.61	1186.55	5993.72
得荣	6445.48	66.23	2066.8	6406.42	—	2013.83
乡城	13921.42	323.61	2269.58	13882.36	302.71	2246.61
稻城	24674.47	4684.43	2212.37	24635.41	4103.53	2189.4
九龙	2678.47	634.98	1988.83	2639.41	614.08	1965.86
木里	350.44	231.17	4081.43	311.38	210.27	4058.46
若尔盖	276232.98	2836.5	14697.60	275499.92	2875.6	14674.61
阿坝	64351.73	403.78	3791.50	64232.67	382.88	3768.53

续表

分布区	本次湿地提取结果（hm^2）			第二次四川省湿地资源调查数据（hm^2）		
	沼泽湿地	湖泊湿地	河流湿地	沼泽湿地	湖泊湿地	河流湿地
红原	206791.08	109.53	5089.47	206652.02	—	5066.5
松潘	6429.17	183.34	3731.40	6390.11	162.44	3708.43
九寨	1110.79	501.82	1485.08	1071.73	480.92	1462.11
马尔康	81.20	132.11	3833.41	—	111.21	3810.44
黑水	397.79	197.74	2018.82	358.73	176.84	1995.85
茂县	—	301.31	2535.12	—	280.41	2512.15
理县	109.67	434.61	1800.6	70.61	413.71	1777.63
壤塘	17754.22	174.57	4624.66	17615.16	153.67	4601.69
金川	2329.99	495.28	2807.32	2290.93	474.38	2784.35
汶川	751.24	117.06	3325.01	712.18	96.16	3302.04
小金	572.28	186.38	2839.38	533.22	165.48	2816.41
合计	1745736.34	31560.11	159418.00	1741994.40	30242.00	158496.00

注：第二次四川省湿地调查数据引自《中国湿地资源》（四川卷 2015 版）

影像源和提取方法的差异使得不同时期沼泽湿地图斑难以一一对应。因此，选择同口径下湖泊湿地图斑面积变化来分析近 20 年湿地变化趋势和空间分布。表 6-3 为第一次、第二次四川省湿地资源调查中典型的湖泊湿地面积和本次提取的湖泊湿地面积。该表中的湖泊湿地斑块覆盖了不同海拔、不同纬度区，基本涵盖了典型湿地样带，故其面积变化具有一定的代表性。其中，Plot2 样带中兴措面积变化幅度较大，第二次与第一次调查结果相比面积增加 69.74hm^2；本次提取的面积为 302.39hm^2，相比第一次调查结果减少了 102.61hm^2。哈丘措干也存在面积减少的趋势，但是减少幅度较小。兴措、哈丘措干周围出现了较多的道路网［图 6-8（b）］。Plot 3 中措拉比面积也呈减少趋势，第二次和本次调查结果显示，面积减少幅度相当。位于新龙县的赞多措那马面积减少幅度较大，与第二次调查相比减少 50.06hm^2。如图 6-6 所示，该湖泊湿地呈现东北—西南走向，湖泊东北部水位下降较为明显。海子山地区（Plot 4）湖泊湿地面积总体呈上升趋势，其中兴伊措面积增加较为明显，图斑现状如图 6-8（i）所示。非样带区湖泊湿地中卡莎措、新路海、亚莫措根、泸沽湖、邛海面积均呈现减少趋势，其中卡莎措出现明显的水域面积萎缩［图 6-8（e）］；邛海西北部湖泊湿地已经转化成公园、农田；位于白玉县的相阳措呈微弱增加趋势。通过对湖泊湿地图斑面积分析可以发现，中高纬地区的部分湖泊湿地呈现波动减少趋势，如石渠、若尔盖、炉霍、德格。中低纬度高海拔地区部分湖泊湿地面积呈现增加趋势，如海子山地区。低纬度低海拔地区湖泊湿地面积呈现减少趋势，其中邛海西北部受人类活动影响明显［图 6−8 (h)］。

表 6−3　同口径下典型湖泊湿地图斑面积对比

湿地斑块名称	样带	分布	湿地斑块面积（hm^2）		
			第一次调查	第二次调查	本次调查
兴措	Plot 2	若尔盖	405	474.74	302.39
哈丘措干			620	574.83	571.48
措拉比	Plot 3	石渠	116	83.64	61.01
赞多措那马	Plot 5	新龙	378	352.96	302.90
庚地措	Plot 4	稻城	110	83.40	91.30
兴伊措			680	730.18	741.83
银措			188	173.81	179.83
哲如措			230	193.55	197.65
辛开措			100	87.26	83.71
卡莎措	非样带区	炉霍	122	105.33	83.41
新路海		德格	273	241.8	237.04
相阳措		白玉	162	154.37	162.31
亚莫措根		巴塘	197	203.49	176.77
邛海		西昌	2685	2644.50	2583.37
泸沽湖		盐源	2734	2509.86	2455.69

注：第一、二次四川省湿地调查数据引自《中国湿地资源》(四川卷 2015 版)。

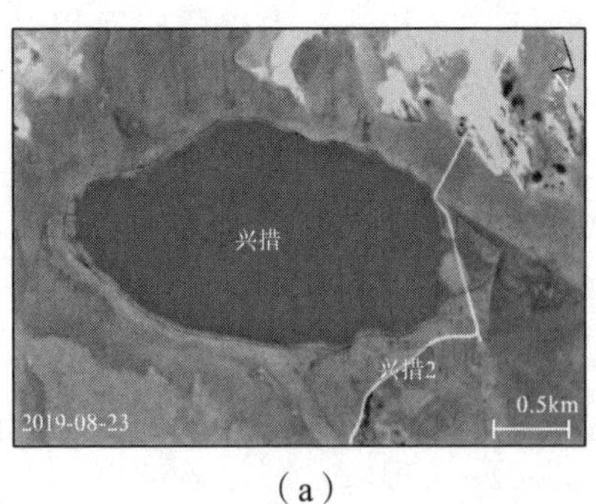

(a)

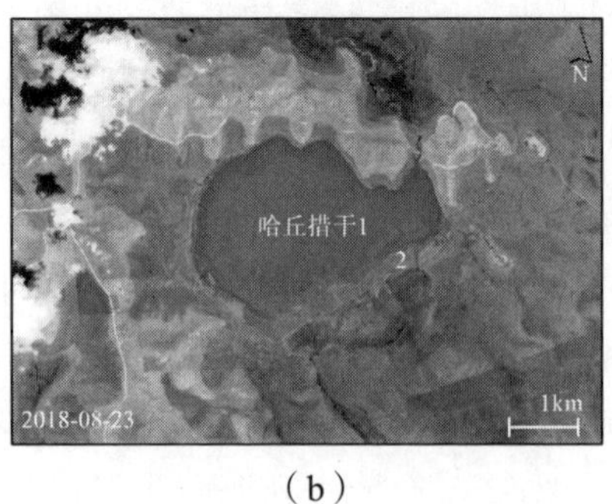

(b)

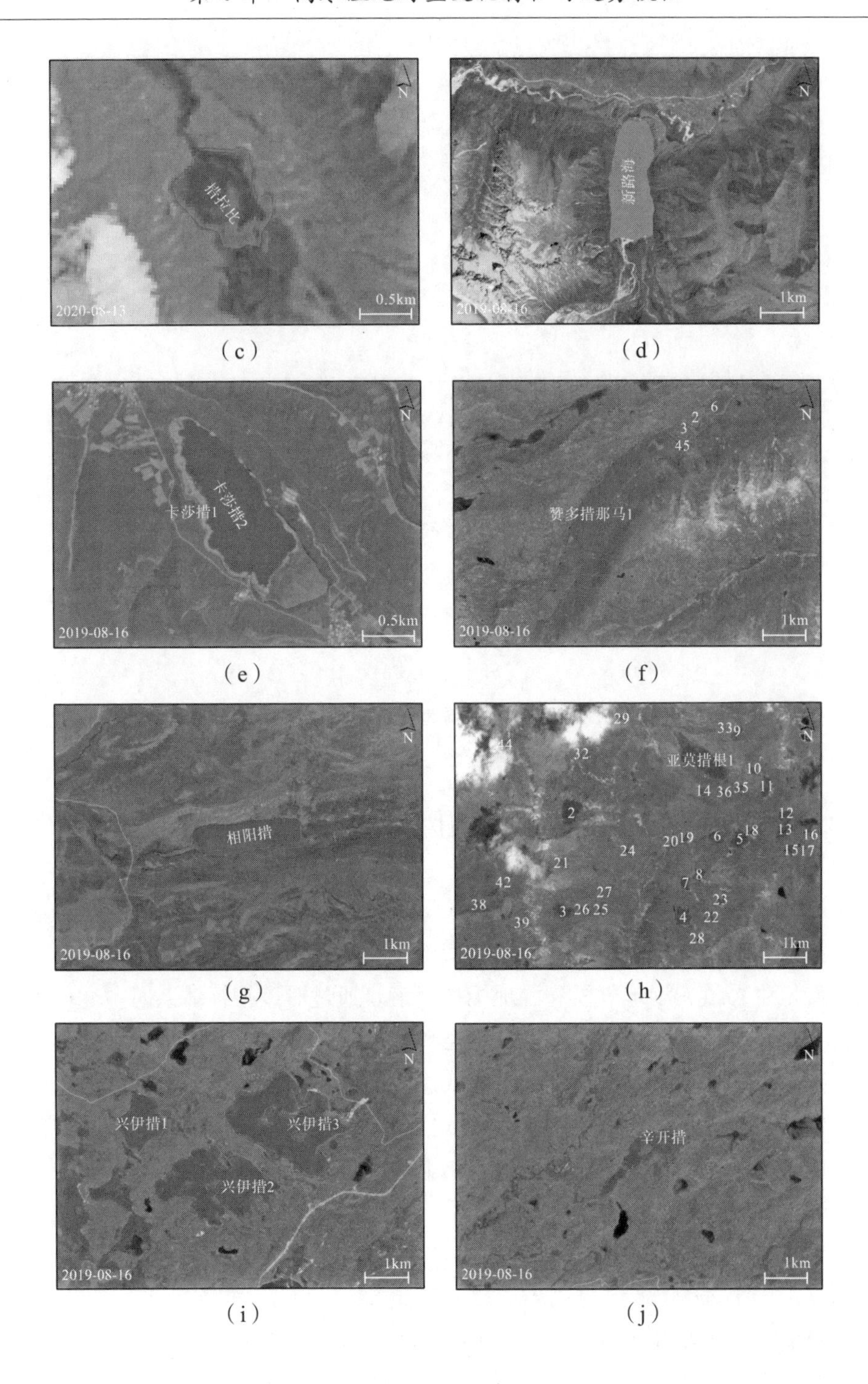

措拉比
2020-08-13
0.5km
N
新路海
2019-08-16
1km
N
卡莎措1
卡莎措2
2019-08-16
0.5km
N
赞多措那马1
6
2
3
45
2019-08-16
1km
N
相阳措
2019-08-16
1km
N
亚莫措根1
29
339
44
32
10
14 36 35
11
2
12
13
16
20 19
6
5
18
24
1517
21
42
8
7
27
23
38
3 26 25
4
22
39
28
2019-08-16
1km
N
兴伊措1
兴伊措3
兴伊措2
2019-08-16
1km
N
辛开措
2019-08-16
1km
N

(c)　(d)

(e)　(f)

(g)　(h)

(i)　(j)

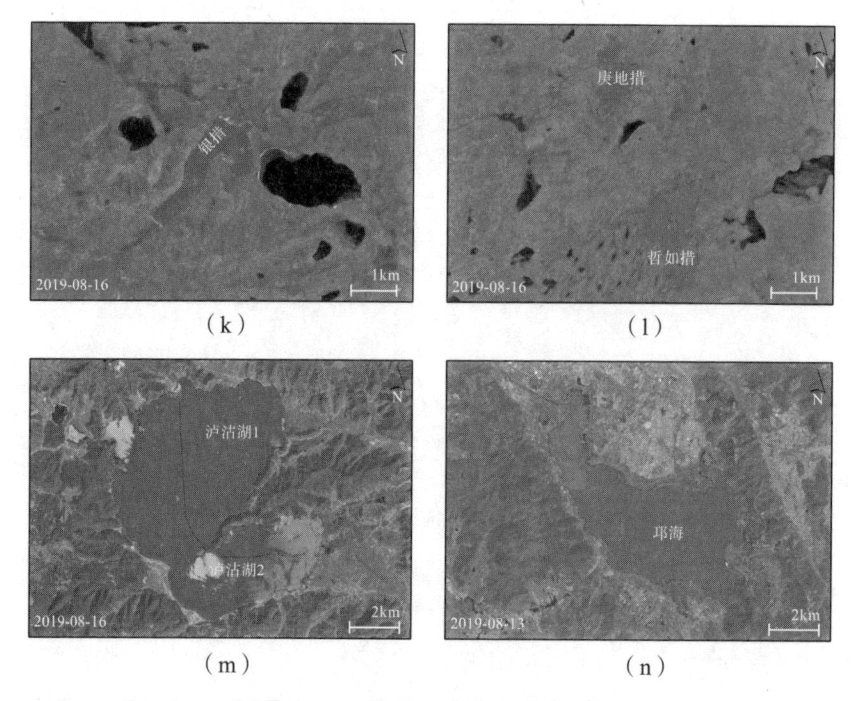

图 6-8　川西地区典型湖泊湿地图斑提取结果（Sentinel-2）

6.2　高寒湿地时空变化影响因素分析

参考国家湿地状态监测标准（GB/T 24708—2009）构建湿地生态环境监测指标体系，共计五类 18 个监测指标。指标体系包括湿地景观类型、湿地水文、湿地生物量、湿地气候和湿地干扰因素。通过对该指标体系时空变化趋势进行分析，掌握了四川高寒湿地的生态环境变化总体特征。湿地景观类型、湿地生物量和湿地水文是表征湿地本身状态（结构、面积和分布）的因素，而湿地气候（自然要素）和湿地干扰因素（社会经济要素）是影响湿地状态变化的重要因素。因此，本节在分析湿地变化影响因素时，重点分析影响湿地变化的自然环境和社会经济要素。

6.2.1　影响因素选择与空间化处理

湿地变化涉及湿地面积、湿地结构和湿地生物量的时空变化，而影响湿地变化的因素是复杂且多样的。目前对于川西地区乃至整个青藏高原湿地变化成因研究中，因素筛选原则和条件十分宽泛（侯蒙京等，2020；徐菲，2017；刘冬等，2016；杜际增等，2015；李娜娜等，2020）。通过分析发现，湿地变化影响因素研究主要集中在气候变化和人类活动两个方面，不同的研究者结合研究区的实际情况对气候因素和人类活动因素进行了筛选。川西地区地处青藏高原东缘，受大陆性气候和季风气候共同影响，在青藏高原气候由暖干向暖湿转变的过程中，区域气候变化势必对地表植被、水文变化产生影响。川西地区地形由甘孜—阿坝高原与川西山地组成，区内高原和高山峡谷分布广泛，形成了西北部的高寒草甸、南部地区的峡谷林地以及河流—湖泊—沼泽点缀其中的独特地理景观。地理景观的独特分布对地表过程（湿地变化）会产生重要影响，因此，将地理景观（地形地貌、植被类型）和水文分布选为影响因素。此外，川西地区各级自然保护区 60 余处，也是我国国土空间开发中生态功能区重点分布地区，生态功能区的建设对于湿地资源的保护至关重要，对湿地结构、湿地生物量等会产生重要影响。

川西地区的社会经济发展，如道路建设、旅游资源开发、居民点扩张等，都会对湿地资源产生影响，因此，区域的社会经济指标也是川西地区高寒湿地变化重点考虑的因素。综合考虑川西地区的自然地理、地质环境、气象水文、社会经济等多方面特征，最终选择气候因素、地理景观、地质灾害、水源补给、生态功能和社会经济六类 18 个指标构建湿地变化影响因素集，见表 6−4。

表 6−4　川西高湿地变化影响因素选择与数据处理

影响因素	因素名称	编号	代码	数据源与数据处理方式
气候因素	平均气温	1	AT	以国家气象站点监测数据为数据源进行空间插值处理
	平均降水	2	P	
	平均水压	3	VAP	
	平均湿度	4	AH	
	平均蒸发	5	ET	MODIS 1km ET 数据 GEE 再分析
	平均风速	6	WND	IDAHO _ EPSCOR 1km 风速数据 GEE 再分析
	地表温度	7	LST	MODIS 1km LST 数据 GEE 再分析
地理景观	海拔高度	8	DEM	ASTER 30m DEM
	地形坡度	9	SLOPE	ASTER 30m DEM 坡度分析
	植被覆盖	10	NDVI	MODIS 250m NDVI 数据 GEE 再分析

续表

影响因素	因素名称	编号	代码	数据源与数据处理方式
水源补给	河网密度	11	RIV	以国家5级河网为数据源进行分级处理和密度分析
	径流数据	12	RO	IDAHO _ EPSCOR 1km径流数据GEE再分析
	冰雪覆盖	13	NDSI	MCD43A4 500m NDSI数据GEE再分析
生态功能	生态功能	14	Dis－NR	以国家四级自然保护区边界为数据源进行网格化处理
社会经济	交通密度	15	ROA	以国家5级道路网为数据源进行分级处理和密度分析
	居民点密度	16	Built	以国家4级居民点分布为数据源进行分级和密度分析
	距农田距离	17	Dis－CL	以川西农田分布为数据源进行欧式距离分析
	人口密度	18	POP	以四川省乡镇人口统计年鉴为数据源进行格网分析

影响因素集中，有些因素的空间分布是离散的，所以需要对离散的数据进行处理，使其转化成空间连续。而数据空间化处理不仅仅是数据格式转换，还要考虑数据源自身的特点。一些离散的点—线地理实体在整个连续空间中的地位和作用是不同的，如市级居民点和乡镇级居民点对周围地区的辐射能力是不同的，其对周围湿地生态的影响也是不同的（Wang et al.，2019）。因此，对离散的地理实体进行栅格化处理时，需要进行分级，如将公路网划分国道、省道、县道、乡道等，分级后的点-线地理实体通过空间插值、密度分析等方法转化成空间连续的栅格数据。路网、河网居民点分级和密度分析如图6－9所示。

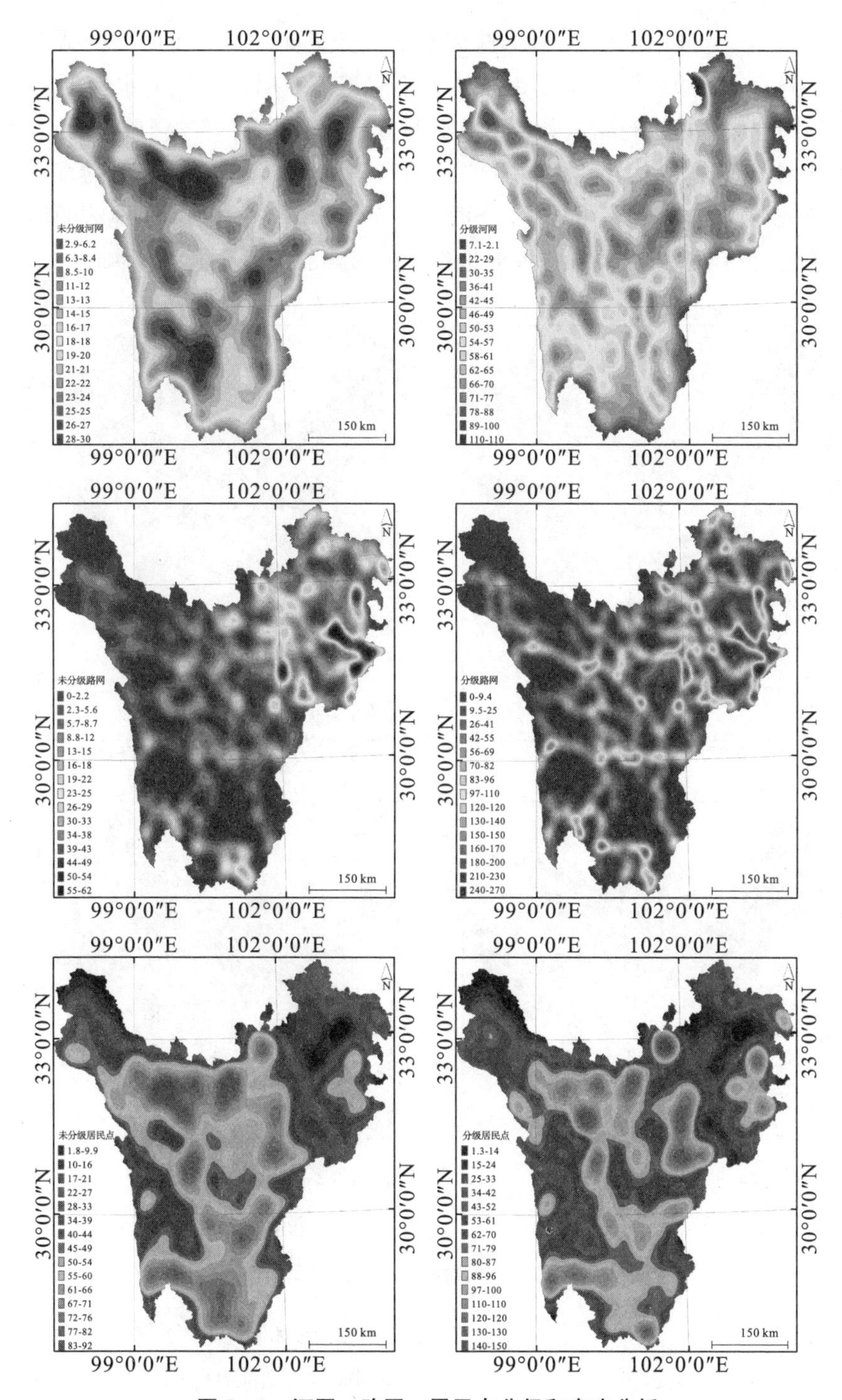

图 6-9　**河网、路网、居民点分级和密度分析**

从图 6−9 可以看出，三种影响因素数据分级前、后的密度分析结果存在明显差异。未分级的河网密度无法体现不同河流对周围地区的水资源补给差异；河网分级后再进行密度分析可以更明显地看出，金沙江、雅砻江、大渡河与岷江四条河流对整个区域的水资源供给与辐射情况，这与该地区的真实水资源分布是一致的。分级后的路网，可以看出国道和省道对于周围地区的辐射影响高于县道和乡道，路网对周围湿地生态的影响的差异性也可以体现。

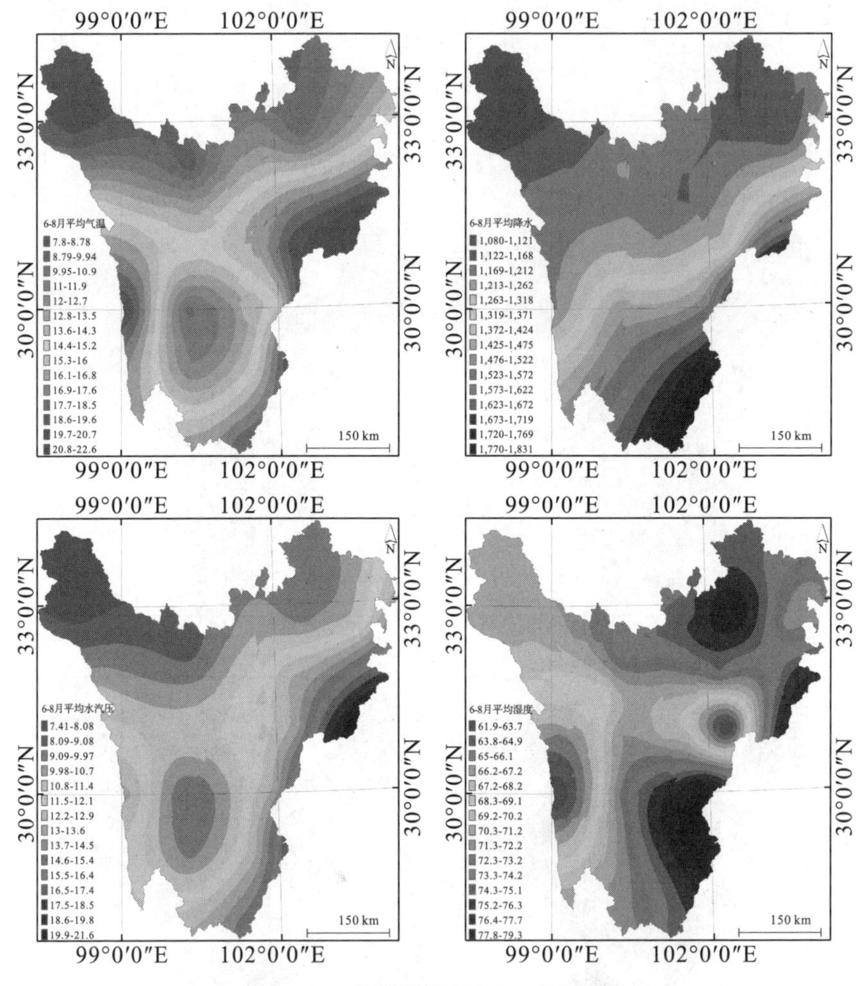

图 6−10　气候数据 Kriging 空间插值

甘孜和阿坝地区的居民点分布，尤其是地级市和县城的分布对于周围生态的影响高于村镇级居民点，居民点空间分布和辐射范围图可以很好地体现这一特征。对于气象数据和部分社会经济数据的空间化处理则不需要考虑等级问题

（图 6－10）。此外，对于那些影响因素本身为栅格形式的数据则不需要进行空间化处理，如 DEM、MODIS 产品，这些数据根据我们的研究需要进行再分析（坡度提取、覆盖度计算、重采样等）来提取相关影响因素变量（图 6－11、图 6－12）。

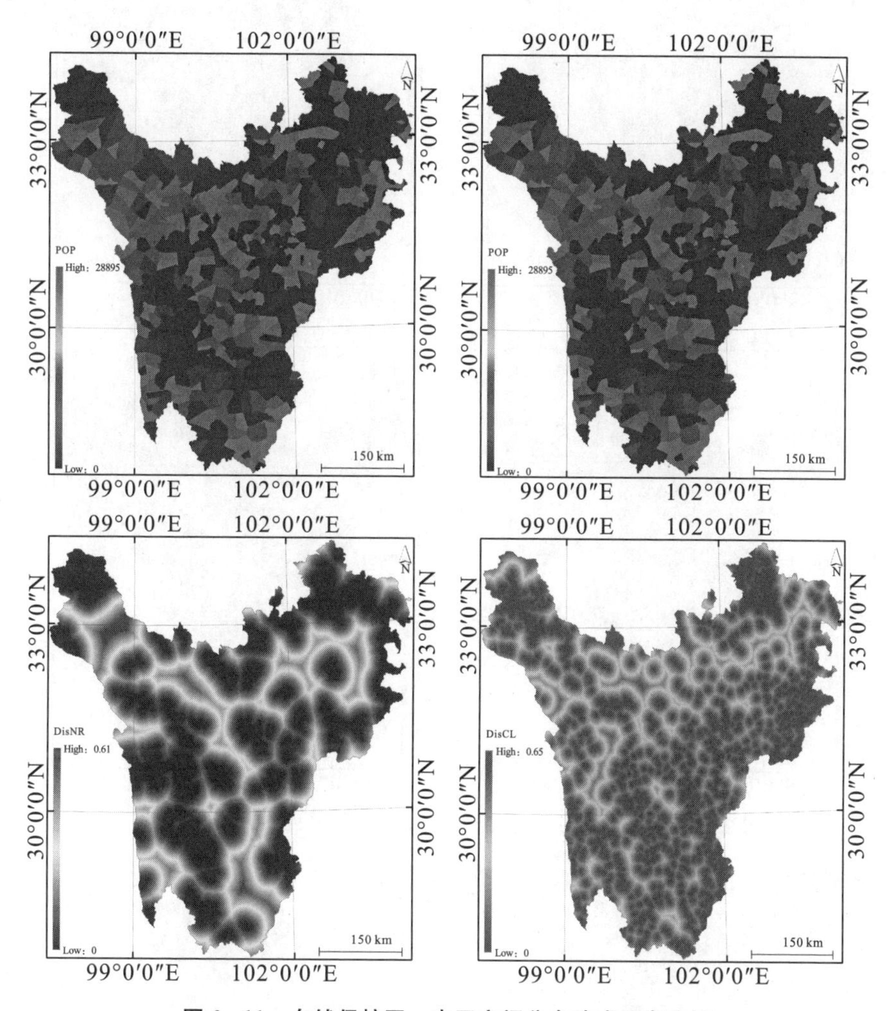

图 6－11　自然保护区、农田空间分布欧式距离分析

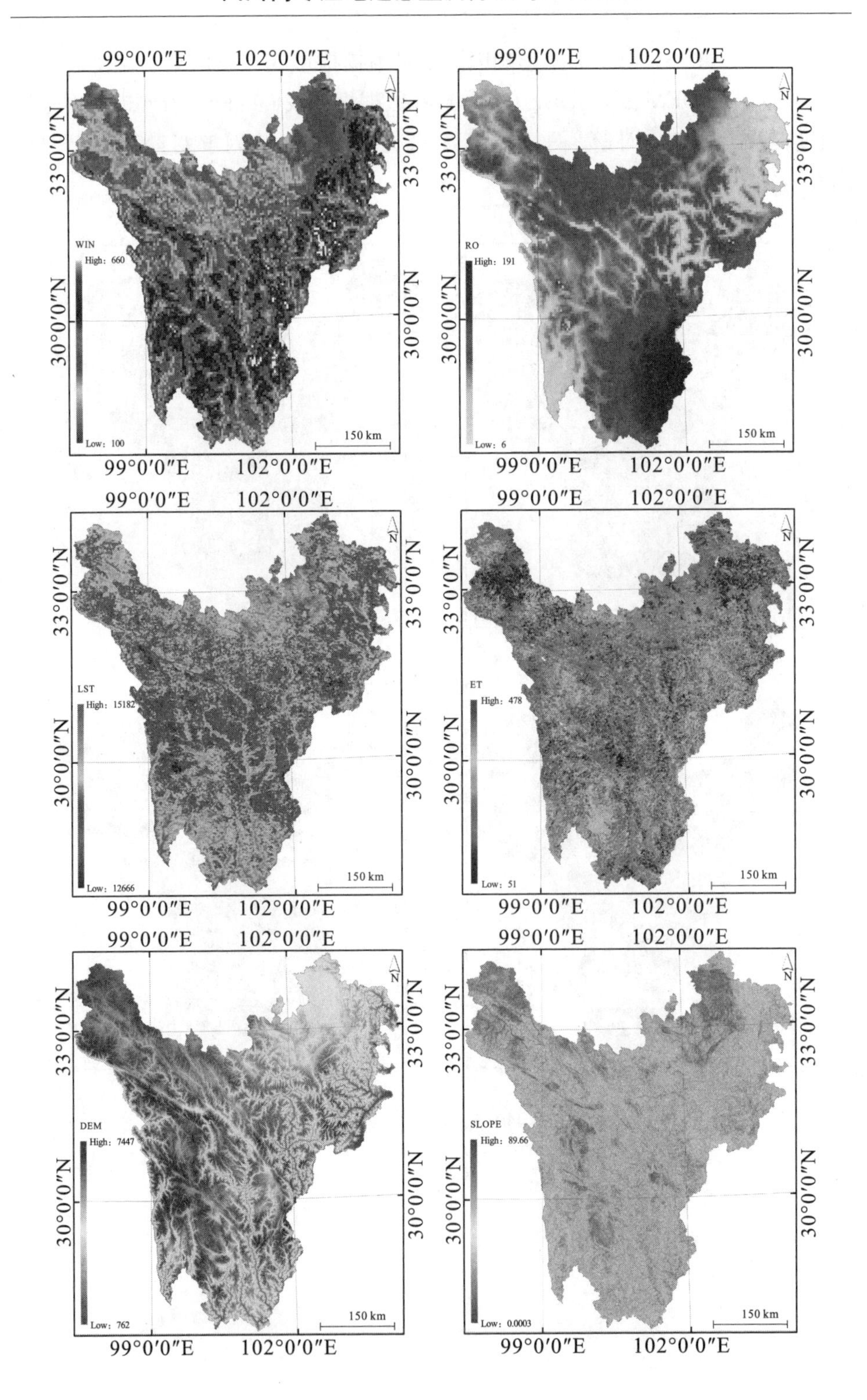
99°0′0″E
102°0′0″E
33°0′0″N
30°0′0″N
WIN
High：660
Low：100
150 km
RO
High：191
Low：6
LST
High：15182
Low：12666
ET
High：478
Low：51
DEM
High：7447
Low：762
SLOPE
High：89.66
Low：0.0003
N

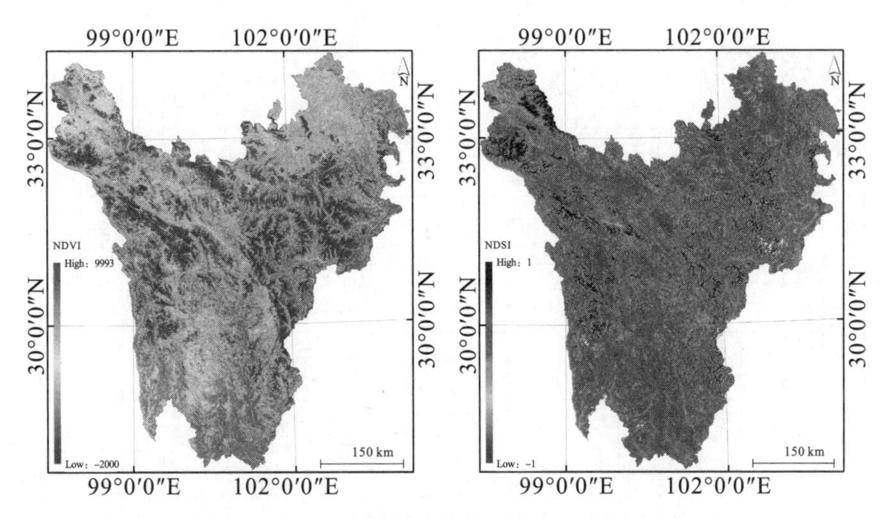

图 6－12　数据源为栅格形式 GEE 再分析

6.2.2　多重共线性诊断

影响因素之间的多重共线问题的本质就是回归分析中的自变量相关性问题。自变量之间存在完全相关性的可能较小，但如果相关性过高，则会导致回归分析结果精度降低，甚至出现回归系数正负号倒置，这样使得回归分析结果无法被解释，也就违背了我们使用回归分析的初衷（其特点是具有可解释性）。我们构建了六类 18 个因素的影响因素集，使用该数据完成对湿地变化的影响分析，为了得到较为客观的结果，需要对影响因素集中的 18 个因素进行多重共线诊断，进而剔除存在共线性的因素。在进行多重共线性诊断时，大样本会导致共线性的消失，而特定的小样本又会导致因素之间存在统计相关性。因此，对总样本量抽样（50%，约 40 万个）进行共线性诊断，影响因素集共线性诊断结果见表 6－5。由表可知，P 和 VAP 间存多重共线性问题，其 VOL<0.1，VIF>10，此外 AT 和 VAP 之前也存在共线性问题。这表明大气水汽压（VAP）与气温和降水之间存在较高的相关性，需要剔除，湿地变化影响分析时 VAP 不再参与。

表 6—5 影响因素集共线性诊断结果

AT	TOL	VIF	P	TOL	VIF	VAP	TOL	VIF	AH	TOL	VIF	ET	TOL	VIF	WIN	TOL	VIF	LST	TOL	VIF
P	0.25	3.98	AT	0.06	17.73	AT	0.38	2.67	AT	0.08	12.50	AT	0.05	18.22	AT	0.05	18.20	AT	0.05	18.21
VAP	0.30	3.33	VAP	0.04	22.64	P	0.25	4.07	P	0.27	3.70	P	0.25	4.02	P	0.26	3.88	P	0.25	4.02
AH	0.67	1.48	AH	0.51	1.96	AH	0.61	1.64	VAP	0.06	17.28	VAP	0.04	22.72	VAP	0.04	22.64	VAP	0.04	22.74
ET	0.91	1.10	ET	0.92	1.08	ET	0.91	1.10	ET	0.91	1.10	AH	0.46	2.15	AH	0.46	2.16	AH	0.46	2.16
WIN	0.45	2.20	WIN	0.48	2.09	WIN	0.46	2.19	WIN	0.45	2.21	WIN	0.45	2.20	ET	0.91	1.10	ET	0.91	1.10
LST	0.77	1.29	LST	0.78	1.27	LST	0.77	1.29	LST	0.77	1.29	LST	0.77	1.29	LST	0.80	1.25	WIN	0.47	2.12
Dem	0.30	3.33	Dem	0.27	3.67	Dem	0.33	2.99	Dem	0.27	3.67	Dem	0.27	3.67	Dem	0.33	3.06	Dem	0.28	3.59
SLP	0.82	1.21	SLP	0.82	1.21	SLP	0.83	1.21	SLP	0.83	1.20	SLP	0.82	1.21	SLP	0.82	1.21	SLP	0.83	1.20
VEG	0.49	2.04	VEG	0.56	1.79	VEG	0.50	2.02	VEG	0.49	2.03	VEG	0.50	2.00	VEG	0.49	2.03	VEG	0.49	2.04
NDS	0.60	1.66	NDS	0.62	1.61	NDS	0.61	1.65	NDS	0.60	1.66	NDS	0.60	1.66	NDS	0.61	1.65	NDS	0.60	1.66
RIV	0.77	1.30	RIV	0.76	1.31	RIV	0.77	1.29	RIV	0.79	1.27	RIV	0.76	1.31	RIV	0.77	1.29	RIV	0.76	1.31
RO	0.50	2.00	RO	0.52	1.93	RO	0.47	2.11	RO	0.42	2.38	RO	0.42	2.39	RO	0.42	2.39	RO	0.42	2.39
NR	0.91	1.10	NR	0.91	1.10	NR	0.91	1.10	NR	0.91	1.10	NR	0.91	1.10	NR	0.91	1.10	NR	0.91	1.10
ROA	0.61	1.65	ROA	0.60	1.68	ROA	0.62	1.62	ROA	0.59	1.69	ROA	0.59	1.69	ROA	0.59	1.69	ROA	0.59	1.69
SET	0.65	1.55	SET	0.58	1.73	SET	0.64	1.57	SET	0.57	1.77	SET	0.56	1.78	SET	0.58	1.73	SET	0.56	1.78
CL	0.86	1.16	CL	0.86	1.16	CL	0.86	1.16	CL	0.86	1.16	CL	0.85	1.18	CL	0.86	1.16	CL	0.85	1.18
POP	1.00	1.00	POP	1.00	1.00	POP	1.00	1.00	POP	1.00	1.00	POP	1.00	1.00	POP	1.00	1.00	POP	1.00	1.00
EDG	0.89	1.13	EDG	0.87	1.15	EDG	0.89	1.13	EDG	0.87	1.15	EDG	0.87	1.15	EDG	0.87	1.14	EDG	0.87	1.15
EQD	0.61	1.63	EQD	0.66	1.52	EQD	0.63	1.58	EQD	0.61	1.64	EQD	0.61	1.65	EQD	0.65	1.55	EQD	0.61	1.65

注：TOL 为容忍系数、VIF 为方差膨胀性因子。表格中背景标记颜色表示其所对应因子存在共线性问题。

续表

NDS	TOL	VIF	RIV	TOL	VIF	RO	TOL	VIF	NR	TOL	VIF	ROA	TOL	VIF	SET	TOL	VIF	CL	TOL	VIF
AT	0.05	18.21	AT	0.06	18.02	AT	0.07	15.26	AT	0.05	18.18	AT	0.06	17.76	AT	0.06	15.86	AT	0.06	17.83
P	0.25	3.97	P	0.24	4.09	P	0.30	3.31	P	0.24	4.09	P	0.25	4.05	P	0.25	3.97	P	0.25	4.00
VAP	0.04	22.58	VAP	0.04	22.40	VAP	0.05	20.09	VAP	0.04	22.72	VAP	0.05	21.78	VAP	0.05	20.04	VAP	0.04	22.34
AH	0.46	2.16	AH	0.48	2.08	AH	0.46	2.16	AH	0.46	2.16	AH	0.46	2.16	AH	0.46	2.15	AH	0.47	2.12
ET	0.91	1.10	ET	0.91	1.10	ET	0.91	1.10	ET	0.91	1.10	ET	0.91	1.10	ET	0.91	1.10	ET	0.91	1.10
WIN	0.46	2.19	WIN	0.46	2.17	WIN	0.45	2.20	WIN	0.46	2.19	WIN	0.45	2.20	WIN	0.47	2.15	WIN	0.46	2.17
LST	0.77	1.29	LST	0.77	1.29	LST	0.77	1.29	LST	0.77	1.29	LST	0.77	1.29	LST	0.77	1.29	LST	0.77	1.29
Dem	0.29	3.50	Dem	0.28	3.59	Dem	0.29	3.50	Dem	0.27	3.67	Dem	0.27	3.65	Dem	0.27	3.67	Dem	0.27	3.65
SLP	0.82	1.21	SLP	0.82	1.21	SLP	0.82	1.21	SLP	0.82	1.21	SLP	0.83	1.21	SLP	0.83	1.20	SLP	0.82	1.21
VEG	0.52	1.91	VEG	0.49	2.04	VEG	0.50	1.99	VEG	0.49	2.04	VEG	0.49	2.03	VEG	0.49	2.03	VEG	0.49	2.04
RIV	0.77	1.31	NDS	0.61	1.65	NDS	0.61	1.65	NDS	0.60	1.66	NDS	0.60	1.66	NDS	0.60	1.66	NDS	0.60	1.66
RO	0.42	2.38	RO	0.42	2.39	RIV	0.76	1.31	RIV	0.77	1.30	RIV	0.76	1.31	RIV	0.79	1.27	RIV	0.78	1.29
NR	0.91	1.10	NR	0.92	1.09	NR	0.91	1.10	RO	0.42	2.38	RO	0.43	2.31	RO	0.43	2.33	RO	0.42	2.38
ROA	0.59	1.69	ROA	0.59	1.69	ROA	0.61	1.64	ROA	0.59	1.68	NR	0.91	1.10	NR	0.92	1.09	NR	0.91	1.10
SET	0.56	1.78	SET	0.58	1.71	SET	0.58	1.74	SET	0.57	1.76	SET	0.65	1.53	ROA	0.69	1.45	ROA	0.59	1.69
CL	0.85	1.18	CL	0.86	1.16	CL	0.85	1.18	CL	0.84	1.18	CL	0.84	1.18	CL	0.85	1.17	SET	0.57	1.77
POP	1.00	1.00	POP	1.00	1.00	POP	1.00	1.00	POP	1.00	1.00	POP	1.00	1.00	POP	1.00	1.00	POP	1.00	1.00

续表

NDS	TOL	VIF	RIV	TOL	VIF	RO	TOL	VIF	NR	TOL	VIF	ROA	TOL	VIF	SET	TOL	VIF	CL	TOL	VIF
EDG	0.87	1.15	EDG	0.87	1.15	EDG	0.87	1.15	EDG	0.87	1.15	EDG	0.87	1.15	EDG	0.88	1.13	EDG	0.87	1.15
EQD	0.61	1.65	EQD	0.61	1.63	EQD	0.61	1.64	EQD	0.61	1.65	EQD	0.62	1.61	EQD	0.61	1.65	EQD	0.61	1.64

注：TOL为容忍系数、VIF为方差膨胀性因子。表格中背景标记颜色表示其所对应因素存在共线性问题。

6.2.3　最佳分析尺度

进行逻辑回归分析时，需要将栅格数据转化成点值数据，这种转化的基本原理是按像素顺序将每个像元的属性值转化成点值数据进行存储（欧美极，2016；魏伟，2018）。栅格像元大小决定了 ASCII 格式中数值的分布，对逻辑回归分析结果会产生重要影响（Wang et al.，2019；Wang et al.，2016；王海军等，2016）。为了获得逻辑回归分析最佳效果，通常做法是将因变量数据和自变量数据重采样成多种尺度，在不同尺度上进行逻辑回归分析，通过 ROC 来检验分析结果（王海军等，2016；欧美极，2016；魏伟，2018）。然而，通过重采样来调整数据的尺度会产生一些问题，如人为改变了数据的空间分布，尤其会导致因变量数据分布偏离真实情况。我们利用面积占有法（Area Dominates，AD）和中心点法（Center Point，CP）对原始湿地空间分布栅格数据进行 4 种尺度重采样（图 6－13），其结果中除了 10m×10m 尺度结果基本相似，随着采样间距的增加，采样结果差别明显。500m×500m 尺度上，中心点法采样结果为空，而面积占有法结果显示有湿地分布且面积较大。可以看出，这两种采样方法都会使湿地面积和分布偏离真实，而传统方法就是基于这种重采样的结果进行格式转换和影响因素分析的。另外，即便是因变量和自变量都重新采样相同的像元大小，由于影响因素数据的来源和处理方式复杂，因此很难实现自变量和因变量像素级匹配。为此，我们提出基于地理网格（Geographic Grid，GG）方式进行采样和驱动力分析。其基本原理是维持原始数据源的空间分辨率（格网大小不影响原始数据分辨率，格网变大仅表明采样点间距变大），因为数据分辨率主要取决于数据采集传感器的性能（如 ASTER GDEM 分辨率为 30m，MODIS 13Q1 NDVI 为 250m），所以重采样无法从本质上提高数据空间分辨率。根据研究区域的跨度，参考国家地理格网标准（GB/T 12409—2009）建立四种尺度的地理格网（100m×100m、250m×250m、500m×500m、1000m×1000m），对湿地分布栅格与 19 个驱动力因子进行样本数值提取。通过对提取的数据以四种尺度的湿地空间栅格（二分类数据）和影响因素样本数据（连续型数据）进行 ROC 曲线（Pontius et al.，2001）检验变量。其中湿地空间分布栅格为状态变量（变量值为 1），驱动力因子为检验变量。每种尺度的 ROC 分析结果为 19 条 ROC 曲线，我们通过每个驱动力因子 ROC 曲线的线下面积来衡量不同尺度的效果（表 6－6）。计算结果显示，4 种尺度 19 个驱动力因子 ROC 曲线的线下面积均值高于 0.75，其中 500m 尺度的 ROC 均值最高为 0.81，表明 500m 为下一步进行逻辑回归分析的最佳尺度。

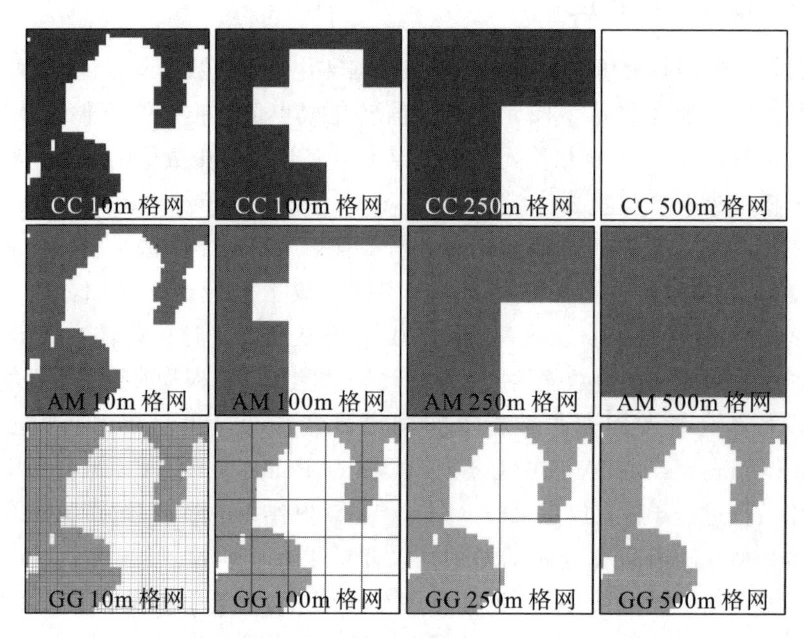

图 6—13 不同尺度下湿度空间分布

表 6—6 影响因素与湿地分布 ROC 分析结果（AUC 面积）

检验变量	100m×100m	250m×250m	500m×500m	1000×1000m
AT	0.830	0.815	0.811	0.800
P	0.754	0.839	0.835	0.764
AH	0.738	0.823	0.829	0.748
ET	0.743	0.828	0.830	0.753
WIN	0.755	0.840	0.836	0.765
LST	0.651	0.636	0.689	0.661
DEM	0.800	0.785	0.881	0.810
SLOPE	0.797	0.782	0.828	0.777
NDVI	0.691	0.616	0.632	0.601
NDSI	0.771	0.856	0.852	0.781
RIV	0.845	0.830	0.826	0.855
RO	0.717	0.770	0.798	0.727
Dis _ NR	0.827	0.812	0.808	0.837

续表

检验变量	100m×100m	250m×250m	500m×500m	1000×1000m
ROA	0.819	0.804	0.800	0.829
SET	0.804	0.869	0.865	0.794
Dis _ CL	0.764	0.849	0.845	0.774
POP	0.811	0.826	0.822	0.751
EDG	0.787	0.842	0.868	0.797
均值	0.773	0.801	0.814	0.768

6.2.4　逻辑回归分析

传统的线性回归表征的是因变量随着自变量的变化而发生连续变化，而湿地在空间分布存在二分类特性，即该地区有湿地分布和没有湿地分布（自变量取值只有 1 和 0，即 Positive Class 和 Negative Class），因此，在构建湿地变化与影响因素之间的关系时引入了二元 Logistic 回归模型。Logistic 回归模型是由一个因变量和多个自变量构建的回归关系，用以预测某一事件发生的概率（Wang et al.，2016；Wang et al.，2019）。使用二元 Logistic 函数构建湿地时空变化与多源驱动力因子集的相关关系，用来分析影响湿地发生变化的主要驱动力，并定量化每个影响因素的贡献度。Logistic 回归函数的表达式如下：

$$p_i=\frac{\exp(\beta_0+\beta_1x_1+\beta_2x_2+\cdots+\beta_mx_m)}{1+\exp(\beta_0+\beta_1x_1+\beta_2x_2+\cdots+\beta_mx_m)} \tag{6-1}$$

$$\mathrm{Logit}(p_i)=\ln\left(\frac{p_i}{1-p_i}\right)=\beta_0+\beta_1x_1+\beta_2x_2+\cdots+\beta_mx_m \tag{6-2}$$

式中，p_i 表示区域内出现某种湿地类型的概率；β_0 为回归模型常数项；$\beta_1\sim\beta_m$ 为偏回归系数；$x_1\sim x_m$ 为影响因素。式（6－2）是式（6－1）的线性表达形式，其中 p_i 和 $\mathrm{Logit}(p_i)$ 存在如图 6－14 所示的曲线关系。可以看出，随着 $\mathrm{Logit}(p_i)$ 在（$-\infty$，$+\infty$）区间变化，p_i 在（0，1）之间变化。通过对 p_i 变换转化成 $\mathrm{Logit}(p_i)$，即为一种线性表达形式，故可以看出 Logistic 函数的本质也是一种线性回归。

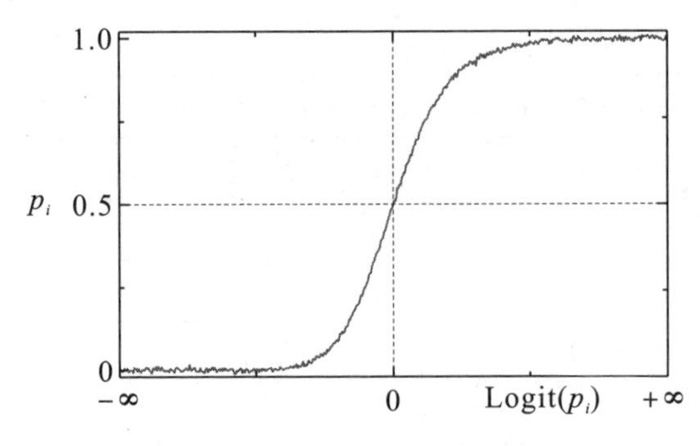

图 6－14　Logistic 函数示意图

最佳尺度 ROC 分析结果表明，500m×500m 是最合适的分析尺度，故本书进行逻辑回归分析时采用 500m 尺度数据。此外，为了更好地体现不同尺度下逻辑回归分析效果（模型的拟合度），我们对四种尺度的数据均进行了回归分析。四种尺度下样本数量分别为 2480 万个、396.8 万个、99.2 万个和 24.8 万个，受电脑计算力的限制，100m 和 250m 数据的逻辑回归分析进行抽样处理（分别为 20%和 50%），500m 和 1000m 数据全部参与分析。回归分析过程使用 Origin 2018 和 SPSS25 工具完成，回归分析结果见表 6－7～表 6－10。

表 6－7　100m×100m 尺度湿地空间分布影响因素 Logistic 回归分析

100m×100m 格网	B	S. E.	Wald	df	P	OR
Dis _ CL	0.29700	0.07214	16.94817	1.00000	0.00004	1.34582
EQD	0.17639	0.00445	1573.75962	1.00000	0.00000	1.19291
EDG	0.12594	0.01998	39.72643	1.00000	0.00000	1.13421
AH	0.05051	0.00182	772.52281	1.00000	0.00000	1.05180
WIN	0.00506	0.00020	664.77591	1.00000	0.00000	1.00507
P	0.00232	0.00008	296.54910	1.00000	0.00000	1.00132
RO	0.00069	0.00034	4.04841	1.00000	0.04421	1.00065
DEM	0.00064	0.00002	786.35392	1.00000	0.00000	1.00064
NDVI	0.00005	0.00000	159.96008	1.00000	0.00000	1.00005
LST	—0.00003	0.00003	1.01916	1.00000	0.31272	0.99997
ROA	—0.00125	0.00024	26.22364	1.00000	0.00000	0.98813
POP	—0.00189	0.00222	0.72225	1.00000	0.39541	0.99811
ET	—0.00312	0.00024	175.36927	1.00000	0.00000	0.95312
SET	—0.01572	0.00032	2379.62085	1.00000	0.00000	0.98440
RIV	—0.01766	0.00060	866.50167	1.00000	0.00000	0.98250

续表

100m×100m 格网	B	S. E.	Wald	df	P	OR
SLOPE	−0.06560	0.00062	11021.12464	1.00000	0.00000	0.93650
AT	−0.35204	0.00451	6104.93639	1.00000	0.00000	0.70325
NDSI	−0.39353	0.01796	480.30803	1.00000	0.00000	0.67467
Dis _ NR	−0.91136	0.07455	4704.71862	1.00000	0.00000	0.23601
Constant	−7.66658	0.43388	312.21510	1.00000	0.00000	0.00047

注：AT、P、AH、ET、WIN、LST、DEM、SLOPE、NDVI、NDSI、RIV、RO、Dis _ NR、ROA、SET、Dis _ CL、POP、EDG、EQD 为逻辑回归分析自变量。红色一绿色渐变色表示 *B* 从高到低排序，红色一蓝色渐变表示 *OR* 从高到低排序，灰色背景表示对应的因素不具备显著性。①

表 6−8　250m×250m 尺度湿地空间分布影响因素 Logistic 回归分析

250m×250m 格网	B	S. E.	Wald	df	P	OR
Dis _ CL	0.33817	0.07201	22.05601	1.00000	0.00000	1.40237
EQD	0.17894	0.00444	1622.93324	1.00000	0.00000	1.19595
EDG	0.13486	0.01992	45.81927	1.00000	0.00000	1.14438
AH	0.04913	0.00178	762.92968	1.00000	0.00000	1.05036
WIN	0.00497	0.00020	644.87957	1.00000	0.00000	1.00499
P	0.00240	0.00008	336.95934	1.00000	0.00000	1.00140
RO	0.00068	0.00034	3.94306	1.00000	0.04706	1.00019
DEM	0.00062	0.00002	736.30206	1.00000	0.00000	1.00062
NDVI	0.00004	0.00000	150.94381	1.00000	0.00000	1.00004
LST	−0.00002	0.00003	0.37536	1.00000	0.54010	0.99998
ROA	−0.00116	0.00024	22.54460	1.00000	0.00000	0.99916
POP	−0.00205	0.00237	0.74794	1.00000	0.38713	0.99795
ET	−0.00323	0.00024	189.05254	1.00000	0.00000	0.94324
SET	−0.01569	0.00032	2374.50127	1.00000	0.00000	0.98443
RIV	−0.01781	0.00060	884.76824	1.00000	0.00000	0.98234
SLOPE	−0.06521	0.00062	10932.07025	1.00000	0.00000	0.93687
AT	−0.35799	0.00452	6281.64519	1.00000	0.00000	0.69908

① 具体变化规律见第 6 章二维码。

续表

250m×250m 格网	*B*	S. E.	Wald	*df*	*P*	*OR*
NDSI	−0.38115	0.01792	452.46320	1.00000	0.00000	0.68308
Dis _ NR	−0.96301	0.07374	4529.66270	1.00000	0.00000	0.22699
Constant	−7.71850	0.43241	318.62281	1.00000	0.00000	0.00044

表 6−9　500m×500m 尺度湿地空间分布影响因素 Logistic 回归分析

500m×500m 格网	*B*	S. E.	Wald	*df*	*P*	*OR*
Dis _ CL	0.34600	0.07211	23.02085	1.00000	0.00000	1.41340
EQD	0.17328	0.00444	1522.51527	1.00000	0.00000	1.18920
EDG	0.15146	0.01989	57.99317	1.00000	0.00000	1.16353
AH	0.05243	0.00186	795.25444	1.00000	0.00000	1.05383
WIN	0.00499	0.00020	644.11274	1.00000	0.00000	1.00500
P	0.00227	0.00008	275.59184	1.00000	0.00000	1.00127
RO	0.00083	0.00034	5.80329	1.00000	0.01600	1.00029
DEM	0.00064	0.00002	780.07870	1.00000	0.00000	1.00064
NDVI	0.00005	0.00000	162.00931	1.00000	0.00000	1.00005
LST	0.00000	0.00003	0.00858	1.00000	0.92621	1.00000
ROA	−0.00149	0.00025	36.22139	1.00000	0.00000	0.98149
ET	−0.00345	0.00024	214.87125	1.00000	0.00000	0.94346
SET	−0.01500	0.00033	2098.94176	1.00000	0.00000	0.98511
RIV	−0.01725	0.00060	816.12400	1.00000	0.00000	0.98289
SLOPE	−0.06216	0.00062	10158.52750	1.00000	0.00000	0.93974
POP	−0.08439	0.01800	21.98094	1.00000	0.00000	0.91907
AT	−0.35465	0.00451	6176.33327	1.00000	0.00000	0.70142
NDSI	−0.37660	0.01792	441.48190	1.00000	0.00000	0.68619
Dis _ NR	−1.07815	0.07456	4639.17543	1.00000	0.00000	0.21623
Constant	−8.24042	0.43474	359.28607	1.00000	0.00000	0.00026

注：AT、P、AH、ET、WIN、LST、DEM、SLOPE、NDVI、NDSI、RIV、RO、Dis _ NR、ROA、SET、Dis _ CL、POP、EDG、EQD 为逻辑回归分析自变量。红色一绿色渐变表示 *B* 从高到低排序，红色一蓝色渐变表示 *OR* 从高到低排序，灰色背景表示对应的因素不具备显著性。①

① 具体变化规律见第 6 章二维码。

表 6－10　1000m×1000m 尺度湿地空间分布影响因素 Logistic 回归分析

1000m×1000m 格网	*B*	S. E.	Wald	*df*	*P*	*OR*
Dis _ CL	0.30762	0.07205	18.22859	1.00000	0.00002	1.36019
EQD	0.17813	0.00444	1606.50809	1.00000	0.00000	1.19499
EDG	0.15846	0.01989	63.46384	1.00000	0.00000	1.17171
AH	0.05333	0.00191	780.64988	1.00000	0.00000	1.05478
WIN	0.00493	0.00020	632.60338	1.00000	0.00000	1.00494
P	0.00239	0.00008	331.00760	1.00000	0.00000	1.00139
RO	0.00125	0.00034	13.22539	1.00000	0.00028	1.00115
DEM	0.00069	0.00002	895.64322	1.00000	0.00000	1.00069
NDVI	0.00004	0.00000	126.88225	1.00000	0.00000	1.00004
LST	0.00002	0.00003	0.83031	1.00000	0.36218	1.00002
POP	－0.00006	0.00044	0.01802	1.00000	0.89320	0.99994
ROA	－0.00181	0.00024	55.24913	1.00000	0.00000	0.98181
ET	－0.00319	0.00024	183.89947	1.00000	0.00000	0.97319
SET	－0.01593	0.00032	2449.31199	1.00000	0.00000	0.98420
RIV	－0.01754	0.00060	846.50202	1.00000	0.00000	0.98261
SLOPE	－0.05822	0.00061	9162.33411	1.00000	0.00000	0.94344
AT	－0.35959	0.00453	6305.63194	1.00000	0.00000	0.69796
NDSI	－0.37607	0.01790	441.64092	1.00000	0.00000	0.68655
Dis _ NR	－1.13586	0.07475	4720.31758	1.00000	0.00000	0.00588
Constant	－9.00150	0.43739	423.54023	1.00000	0.00000	0.00012

注：AT、P、AH、ET、WIN、LST、DEM、SLOPE、NDVI、NDSI、RIV、RO、Dis _ NR、ROA、SET、Dis _ CL、POP、EDG、EQD 为逻辑回归分析自变量。红色－绿色渐变表示 *B* 从高到低排序，红色－蓝色渐变表示 *OR* 从高到低排序，灰色背景表示对应的因素不具备显著性。①

Logistic 回归函数中，因变量随自变量变化而变化，二者都是由一系列离散的数据点组成的，如要分析和预测这种变化趋势，则需要一条趋势线来拟合这些离散的点数据。Logistic 回归函数实际就是利用一条趋势线来拟合和模拟自变量与因变量的关系。我们通过分析这条线对因变量和自变量的变化关系的拟合效果来评价该函数是否适合预测数据变化趋势。具体而言，我们可以参考

① 具体变化规律见第 6 章二维码。

回归分析结果中显著性 P 值，其中驱动力因子 LST、NDVI、POP 的显著性 P 值大于 0.05，表明其不具有显著性。此外，我们通过对四种尺度数据进行 ROC 曲线分析，分析每个影响因素 ROC 曲线的线下面积来判断该因子是否对湿地变化具有影响。当 ROC 小于 0.5 时，该影响因素对湿地空间分布不具备解释能力，或者说湿地的空间分布变化对该影响因素不敏感；当 ROC 大于 0.75 时，表明该影响因素对湿地空间分布具有较好的解释能力，该影响因素是影响湿地空间变化的重要因素（Wang et al.，2019；Wang et al.，2016），也说明湿地的空间分布概率与湿地实际空间分布具有较好的一致性。当进行最佳模拟尺度分析时，进行了 ROC 曲线检验，其中 500m×500m 尺度 LST 和 NDVI 的 ROC 曲线的线下面积分别为 0.69 和 0.63，与回归分析的显著性体现一致。

6.2.5 影响因素贡献度排序

通过多尺度逻辑回归分析来判断影响湿地空间分布的主要因素及每种因素的贡献程度。剔除回归分析结果中不显著性因素外，共计有 17 个因素对湿地空间部分具有影响。四种尺度的回归分析结果总体趋势是一致的，在最佳回归尺度（500m×500m）上，通过逻辑回归系数（B）和增效比（OR）可以看出，平均湿度和平均降水对湿地发育具有促进作用。还可看出，河网密集区和远离农田分布区对于湿地空间扩展创造有利条件。而不利于湿地发育的气候因素有平均气温和平均蒸发，其平均气温 $B=-0.3546$，$OR=0.70142$，表明随着单位气温的升高，湿地将减少 0.29858 个单位。社会经济因素中，居民点密度对湿地的影响在不同分析尺度下均可体现，人口密度仅在 500m×500m 尺度下通过了显著性检验且 B 和 OR 均较高。另外，自然保护区的建立对湿地的潜在发育具有较强的促进作用，其在整个回归方程中的回归系数和 OR 都较高。地理景观因素中，地形坡度对湿地的影响较大，随着坡度的增大，湿地发育的概率降低。因此可以看出，川西地区湿地变化的自然因素主要包括气温、地形坡度、湿度和降水，社会经济因素主要包括自然保护区、农业耕作、人口密度和居民点分布。需要说明的是，由于气象站点密度较稀疏，因此气候要素对湿地的影响没有完全体现。从 NDSI 的回归系数和 OR 可以看出，冰雪覆盖也是影响湿地发育的一个因素。剔除对湿地影响不显著（$P \geqslant 0.05$）的因素，对四种尺度的回归结果进行回归方程构建（依次为 100m、250m、500m 和 1000m 尺度），具体如下：

$$\mathrm{Logit}(p_{100}) = -7.66658+0.29700\mathrm{Dis\_CL}+0.17639\mathrm{EQD}+0.12594\mathrm{EDG}+0.0505\mathrm{AH}+0.00506\mathrm{WIN}+0.00232\mathrm{P}+0.00069\mathrm{RO}+0.00064\mathrm{DEM}-0.00005\mathrm{NDVI}-0.00125\mathrm{ROA}-0.00312\mathrm{ET}-0.01572\mathrm{SET}-0.01766\mathrm{RIV}-0.006560\mathrm{SLOPE}-0.035204\mathrm{AT}-0.39353\mathrm{NDSI}-0.91357\mathrm{Dis\_NR}$$

$$\mathrm{Logit}(p_{250}) = -7.71850+0.33817\mathrm{Dis\_CL}+0.17894\mathrm{EQD}+0.13486\mathrm{EDG}+0.04913\mathrm{AH}+0.00497\mathrm{WIN}+0.00240\mathrm{P}+0.00068\mathrm{RO}+0.00062\mathrm{DEM}+0.00004\mathrm{NDVI}-0.00116\mathrm{ROA}-0.00323\mathrm{ET}-0.01569\mathrm{SET}-0.01781\mathrm{RIV}-0.006521\mathrm{SLOPE}-0.035799\mathrm{AT}-0.38115\mathrm{NDSI}-0.96301\mathrm{Dis\_NR}$$

$$\mathrm{Logit}(p_{500}) = -8.24042+0.34600\mathrm{Dis\_CL}+0.17328\mathrm{EQD}+0.15146\mathrm{EDG}+0.05243\mathrm{AH}+0.00499\mathrm{WIN}+0.00227\mathrm{P}+0.00083\mathrm{RO}+0.00064\mathrm{DEM}+0.00005\mathrm{NDVI}-0.00149\mathrm{ROA}-0.08439\mathrm{POP}-0.00345\mathrm{ET}-0.01500\mathrm{SET}-0.01725\mathrm{RIV}-0.06216\mathrm{SLOPE}-0.035465\mathrm{AT}-0.37660\mathrm{NDSI}-1.07815\mathrm{Dis\_NR}$$

$$\mathrm{Logit}(p_{1000}) = -9.00150+0.30762\mathrm{Dis\_CL}+0.17813\mathrm{EQD}+0.15846\mathrm{EDG}+0.05333\mathrm{AH}+0.00493\mathrm{WIN}+0.00239\mathrm{P}+0.00125\mathrm{RO}+0.00069\mathrm{DEM}+0.00004\mathrm{NDVI}-0.0018\mathrm{ROA}-0.00319\mathrm{ET}-0.0159\mathrm{SET}-0.01754\mathrm{RIV}-0.05822\mathrm{SLOPE}-0.035959\mathrm{AT}-0.37607\mathrm{NDSI}-1.13586\mathrm{Dis\_NR}$$

6.3　高寒湿地时空变化情景模拟

以往对土地覆被和地表景观分布变化的模拟通常是基于面积转移矩阵和驱动力因子完成的（侯蒙京等，2020；陈柯欣等，2019；井云清等，2016；Amir et al.，2019；Sandipta et al.，2020），典型的评价预测模型有 CA－Markov、CLUE－S。其基本原理是通过多期遥感图像获取土地覆被数据，结合研究区的土地覆被变化驱动力因子进行预测。这种模型对于小区域的土地覆被变化研究具有一定优势，但对于大区域（省域尺度、国家尺度甚至洲际尺度）的研究则存一定限制，如在省域尺度上，时间序列的多期土地类型、景观类型数据的获取效率低。地表景观、覆被的空间分布与物种的空间分布具有相似特征，都受生境的社会经济和自然环境的影响，环境变量对其时空分布特征和变化趋势产生决定性作用。通过对湿地变化影响因素的分析可以看出，气温、降水、地形等是影响区域尺度上湿地变化的主要因素。气候和地形也是物种空间分布的关键因素，二者的环境变量类型具有较高的一致性，故可尝试利用物种空间分布理论与模型来研究湿地空间分布变化。将生态理论模型引入土地覆被和景观变化研究也不乏成功案例，如 MCR（Minimal Cumulative Resistance）模型原本用于研究物种扩张阻力，其在土地利用变化和城市扩张等研究中（Wang et al.，2019）被成功应用。因此，将物种空间分布模型与湿地空间变化分析相结合具有可行性。基于湿地空间分布与物种空间分布的环境变量具有相似特征，将物种多样性分布模型［生态位模型（Species Diversity Model，SDM)］引入湿地空间变化模拟是可行的。目前，用于物种空间分布评价的模型较多，MaxEnt（Philips，2009）、GARP（Stock et al.，1999）BIOCLIM（Busby，1991）和 Domain（Belbin，1992）的应用最广泛且评价效果较好（Phillips et al.，2017；郭彦龙等，2019；吕子鹤等，2020；刘超等，2020；王国峥等，2020）。本节将在不同气候变化情景下，融合部分社会经济数据，利用四种 SDM 模型对湿地空间变化进行情景模拟，结合 S2－10m 和 L8－15m 四川高寒湿地专题对结果进行验证和讨论。

6.3.1 RCP/SSP 情景与环境数据集

耦合模型比对项目（CMIP）是世界气候研究计划（WCRP）的一项国际气候变化模型研究项目，其主要目的在于制定适用于世界各国设计的气候变化仿真模型的框架标准，使不同模型仿真结果具有可比性。CMIP 目前已经发展到第 5 阶段（CMIP5），并于 2021 年完成 CMIP6 的研究。而人们熟知的 IPCC 全球气候变化评估报告（AR1～AR5）就是基于 CMIP 项目中不同模型计算结果完成的。其中，在 IPCC AR5 中根据未来大气中温室气体的浓度不同，以 2005 年大气中温室气体的浓度为参考，设置了四种代表性浓度情景（图 6－15）：RCP2.6（增加 2.6W/m^2）、RCP4.5（增加 4.5W/m^2）、RCP6.0（增加 6.0W/m^2）和 RCP8.5（增加 8.5W/m^2）。

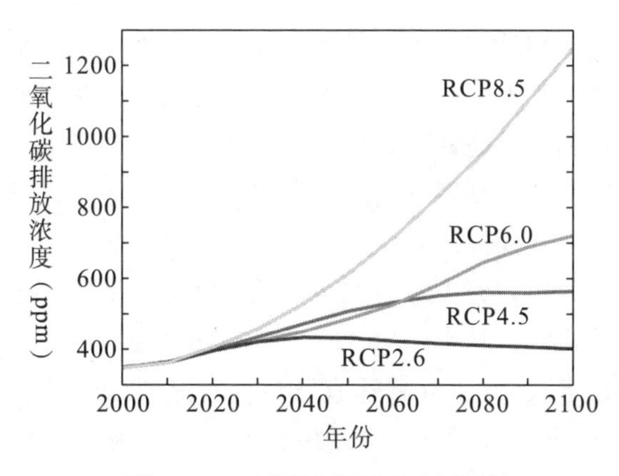

图 6－15　AR5 **中四种** RCP **情景**

注：1ppm=0.0001%。

21 世纪社会经济因素将会发生重大变化，包括人口增长、经济发展、教育普及、城市化提速和技术变革。共享社会经济路径（SSP）着眼于在没有气候政策的约束下，全球气候会以何种方式演变，以及 RCP 情景与 SSP 情景结合时，对于缓解全球气候变化的作用。因此，在 IPCC 的第 6 次全球气候变化评估报告（AR6）中，将全球气候变化情景更新为 SSP126、SSP245、SSP370 和 SSP585。RCP 情景模式中全球 19 个气候变化模型（GCM）对 2041—2060 年和 2061—2080 年两个时期的全球气候变化进行模拟，并得到了 30″（1 像素约为 900m²）、2.5°、5°和 10°四种尺度的气候数据（World Climate）。在 SSP 情景模式下，全球气候数据的时间序列更新为 2021—2040 年、2041—2060 年、2061—2080 年、2081—2100 年四个时期。目前，2.5°、5°和 10°三种尺度的数据已经可用。两种情景下全球气候数据集对于全球生态过程研究具有重要意义，并得到了广泛的应用（赵丹丹，2019；刘超等，2020；王国峥等，2020）。本书对四川高寒湿地时空变化进行模拟时，使用了北京气候中心 CCM1.1 和 CCM2－MR 气候数据集。

6.3.2　高寒湿地现状模拟与检验

湿地空间分布规律及其生境要素与物种空间分布具有相似特征，本书使用 SDM 模型依据物种生态理论来模拟湿地空间分布。为了对湿地未来变化进行更好的预测，首先使用历史气候数据结合地形数据对川西地区现有湿地分布进行模拟，并利用湿地专题进行验证，以此检验 SDM 模型对湿地空间分布适宜性评价的效果。具体而言，首先，以 L8－15m 和 S2－10m 湿地专题数据作为湿地基础数据，进行 500m×500m 网格化处理，并获取四川高寒湿地 10929 个样本点；其次，获取和处理历史气候栅格数据（最大/最小/平均气温数据、降水、太阳辐射、风速和大气压）和地形数据作为影响高寒湿地时空分布的环境变量数据；最后，利用湿地样本和环境变量数据，基于四种 SDM 模型模拟四川高寒湿地分布现状，并利用真实的高寒湿地分布专题图进行叠加验证。四川高寒沼泽湿地分布现状模拟结果如图 6－16 所示。四种 SDM 模型模拟结果将研究区内湿地空间分布划分为不适宜区、低适宜区、中适宜区、高适宜区、非常高适宜区和极适宜区。其中，MaxEnt 和 GARP 模拟结果较相似，不适宜区和低适宜区面积相当。MaxEnt 极适宜区与真实湿地分布最接近，GARP 极适宜区略高于真实湿地分布。BIOCLIM 模拟结果中，极适宜区的面积小于真实湿地分布，对于高海拔地区的模拟效果不理想。相比之下，Domain 模拟结果中，极适宜区分布较合理，但面积大于真实湿地。对比分析四种模型模拟结果与真实湿地（图 6－17）可以看出，MaxEnt 模拟效果最好。

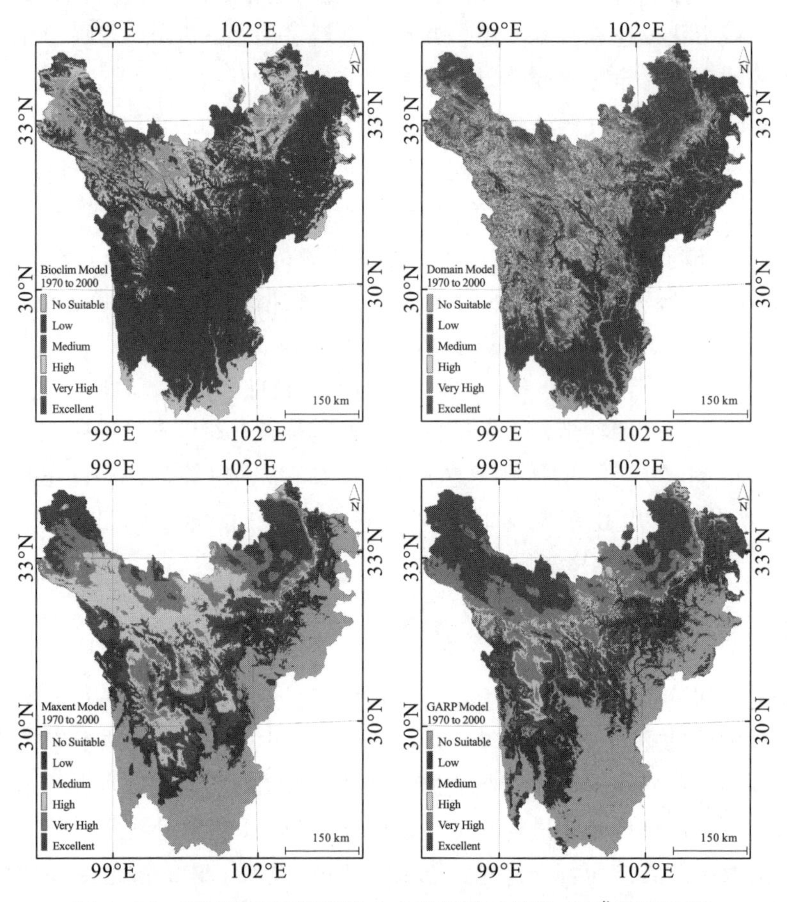

图 6－16　四川高寒沼泽湿地分布现状模拟结果（30″空间尺度）

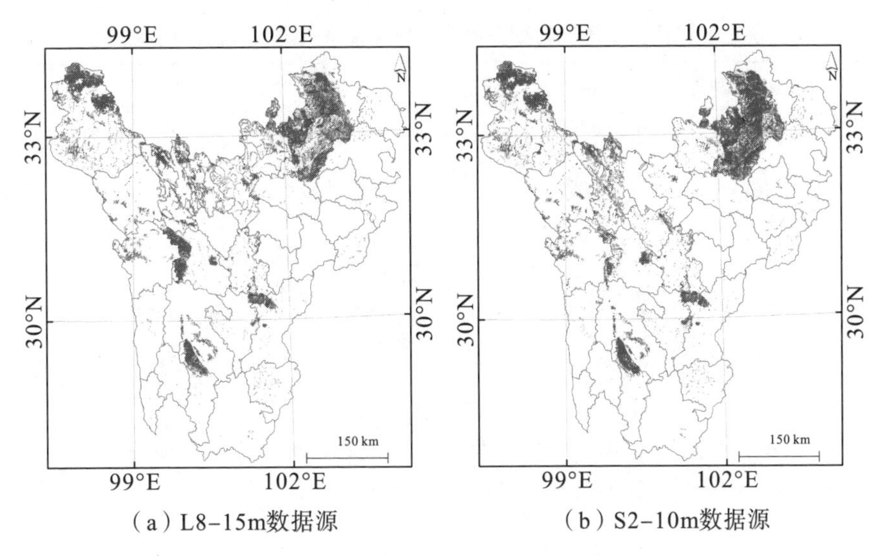

（a）L8-15m数据源　　（b）S2-10m数据源

图 6-17　四川高寒沼泽湿地分布现状

6.3.3　高寒湿地时空变化情景模拟

通过模拟与验证，MaxEnt 模型对四川高寒湿地时空分布模拟效果最好，故对高寒湿地时空变化情景进行模拟，重点分析 MaxEnt 模型的预测结果，并将其他三种模型的模拟结果作为预测结果的对比。高寒湿地时空变化情景模拟中，采用的环境变量数据集是 SSP 和 RCP。RCP 情景 30″尺度的数据时间序列为 2041—2060 年和 2061—2080 年。SSP 情景 30″尺度仍未发布，故采用 SSP 情景 2.5°时空尺度的数据来插补 2021—2020 年和 2081—2100 年两个时期。因此，四川高寒湿地时空变化情景模拟的时间序列为 2021—2040 年、2041—2060 年、2061—2080 年、2081—2100 年，环境变量数据分别为 SSP（2.5°）、RCP（30″）、RCP（30″）和 SSP（2.5°）（表 6-11）。为了统一 RCP 和 SSP，选取 2.6W/m^2、4.5W/m^2 和 8.5W/m^2 三种排放情景，利用 BIOCLIM、Domain、MaxEnt、GARP 四种模型对四川高寒湿地时空变化情景进行模拟（图 6-18～图 6-21）。

表 6－11 湿地变化模拟中不同时期—模式—排放情景—数据尺度—模型的对应关系

时期	模式	排放情景	分辨率	模型
2021—2040 年	SSP	2.6W/m^2	2.5°	BIOCLIM、Domain、MaxEnt、GARP
		4.5W/m^2		
		8.5W/m^2		
2041—2060 年	RCP	2.6W/m^2	30″	BIOCLIM、Domain、MaxEnt、GARP
		4.5W/m^2		
		8.5W/m^2		
2061—2080 年	RCP	2.6W/m^2	30″	BIOCLIM、Domain、MaxEnt、GARP
		4.5W/m^2		
		8.5W/m^2		
2081—2100 年	SSP	2.6W/m^2	2.5°	BIOCLIM、Domain、MaxEnt、GARP
		4.5W/m^2		
		8.5W/m^2		

分析图 6－18 可以发现，2021—2040 年，SSP2.6～SSP8.5 随着气温升高，MaxEnt 模拟结果显示四川高寒湿地非常高适宜区面积减小，而高适宜区面积增大，BIOCLIM 模拟结果也显示这一特征。2041—2060 年，随着区域升温幅度的增大（RCP2.6～RCP8.5），极适宜区的面积减小，位于新龙和白玉的非常适宜区的面积减小更加明显。由 GARP 模型计算结果可以看出，湿地分布的高—中适宜区面积明显向高纬度缩减。碳排放增加会导致升温效应，使地表蒸发量增大，对高寒湿地发育产生负面影响。2061—2080 年，新龙和海子山高海拔地区高适宜区的面积有所增加；这表明温度的升高使高海拔地区冰雪融水量增加，提高了高海拔地区湖泊湿地和沼泽湿地的水源补给量，使湿地面积增大。Domain 模型计算结果显示，三种排放模式下高寒湿地分布的差异不明显。GARP 模型计算结果表明，高寒湿地极适宜区的面积在减少，而中适宜区的面积有微弱增加，主要分布在岷江和大渡河河谷区域。2081—2100 年，MaxEnt 模拟结果显示，高碳排放情景使研究区中部高海拔地区升温，导致湿地分布的适宜性提高。对比分析 MaxEnt 模拟结果和其他三种模拟结果，2021—2100 年期间，在低排放情景（SSP2.6）下，四川高寒湿地分布高适宜区变化不明显。主要是因为低排放情景下川西地区升温不明显，而高寒湿地分布范围受温度的影响较大。在中排放情景（SSP4.5）下，研究区中部高海拔地区湿地分布的适宜性增加。升温使高海拔地区冰雪融水补给量增大，川西地

区中纬度高海地区受到升温影响较明显。在高排放情景（SSP8.5）下，高纬度地区湿地分布极适宜区面积有所减少。四川高寒湿地分布区高纬度地区主要为若尔盖和石渠境内，其湿地水源补给主要为地表径流和降水，蒸发量增加会对湿地范围产生一定影响。

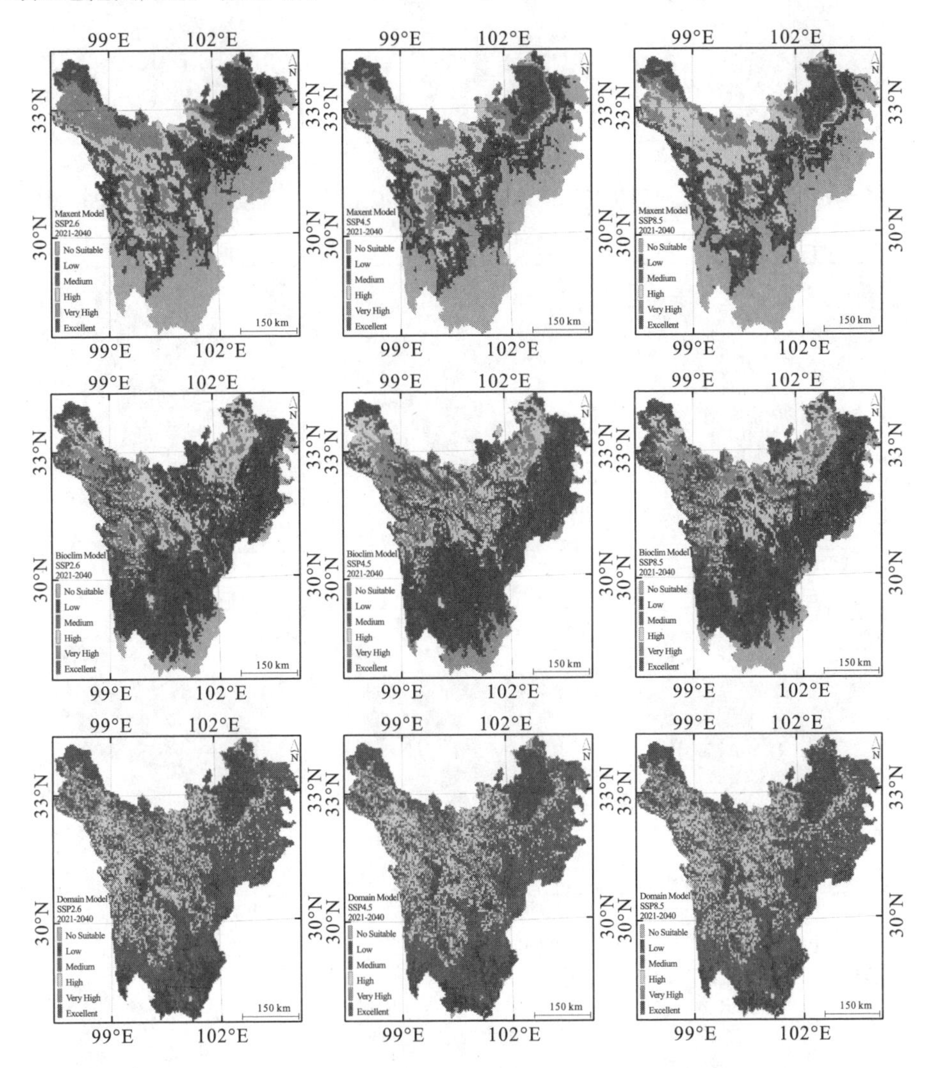

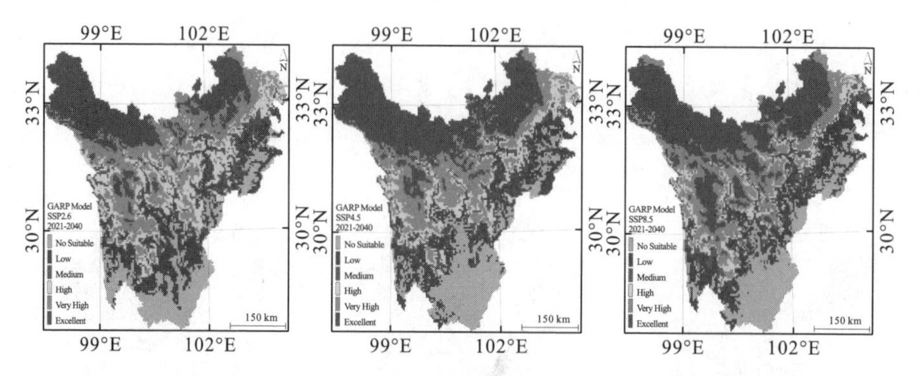

图 6-18　2021—2040 年四川高寒湿地空间分布模拟结果（2.5°空间尺度下 SSP 情景）

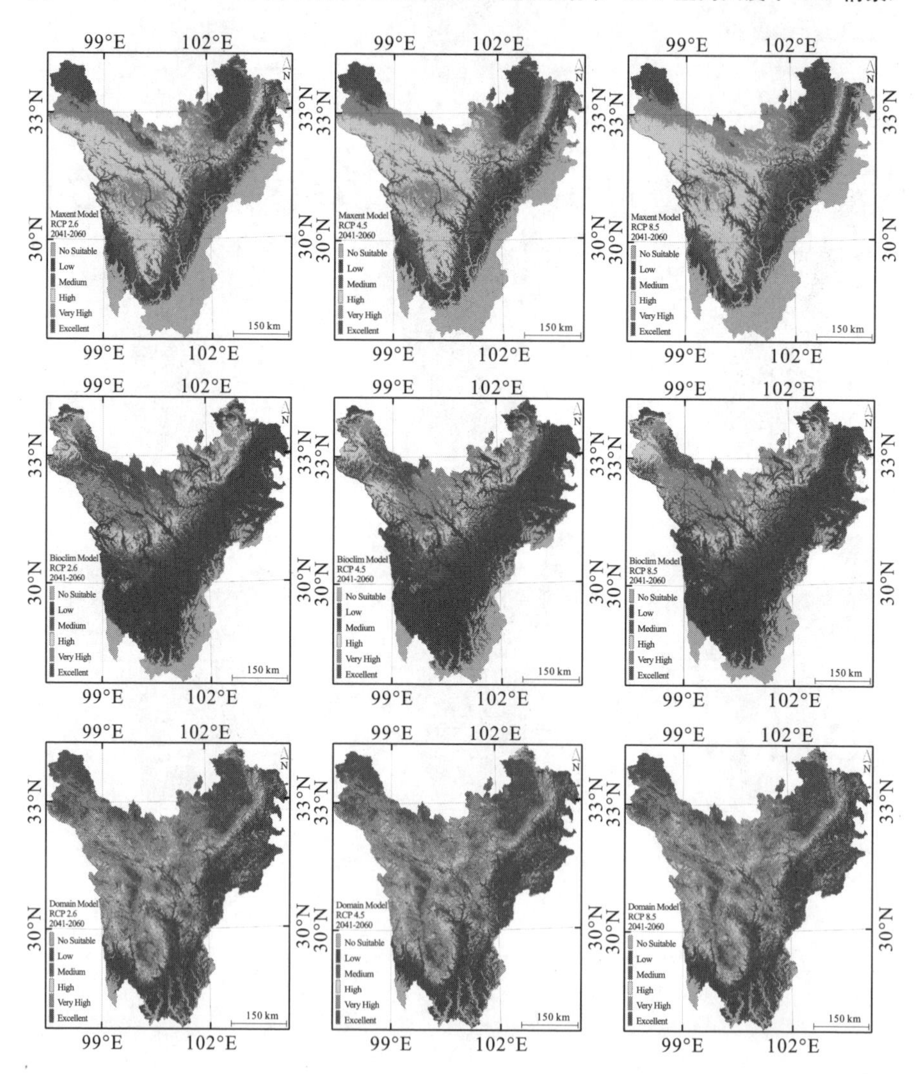

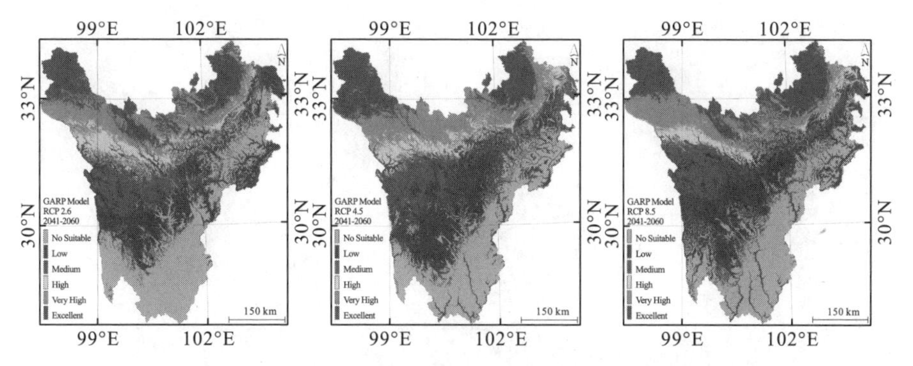

图 6－19　2041—2060 年四川高寒湿地空间分布模拟结果
（30″空间尺度下 RCP 情景）

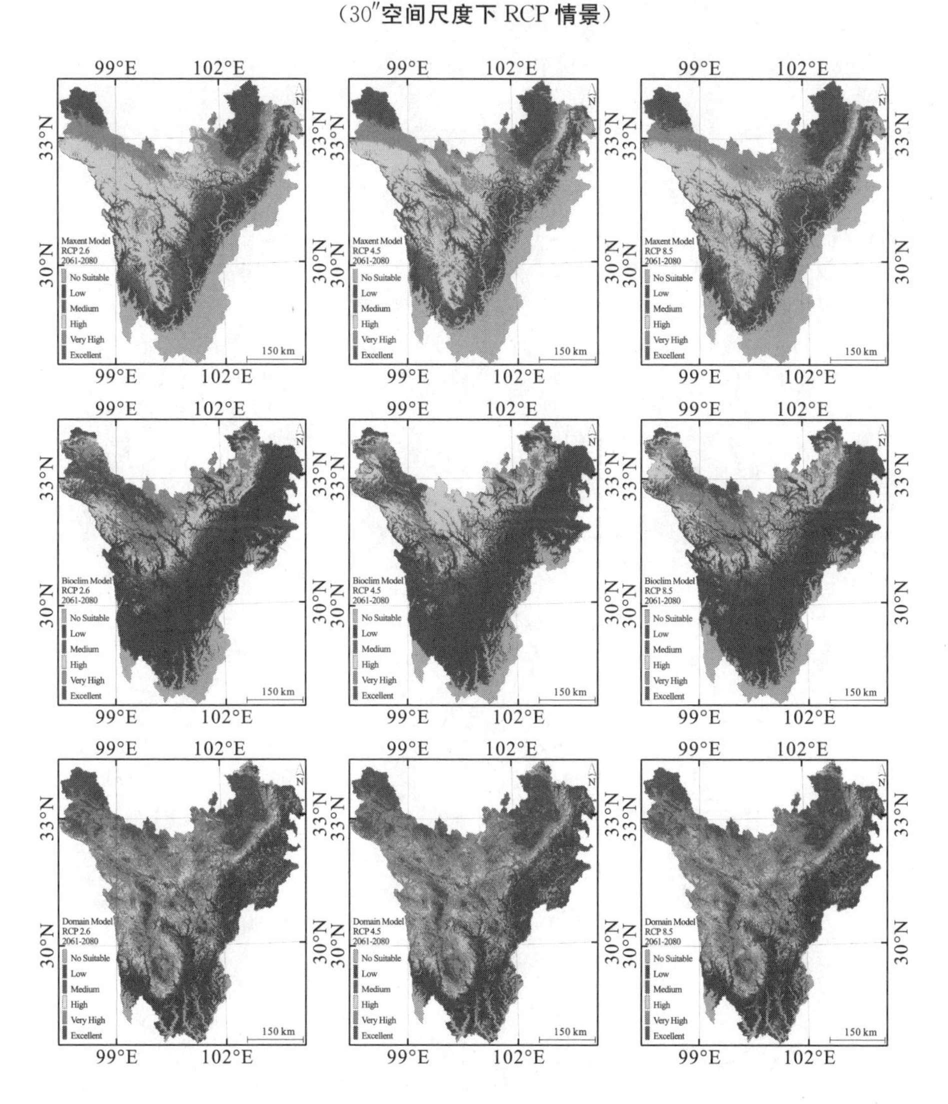

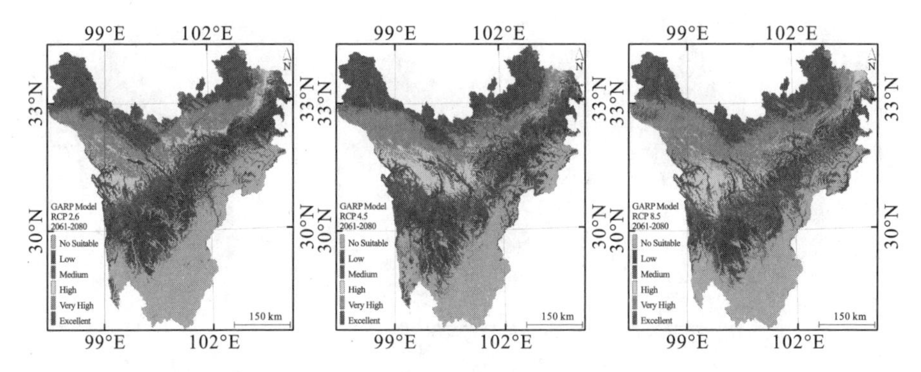

图 6-20　2061—2080 年四川高寒湿地空间分布模拟结果
（30″空间尺度下 RCP 情景）

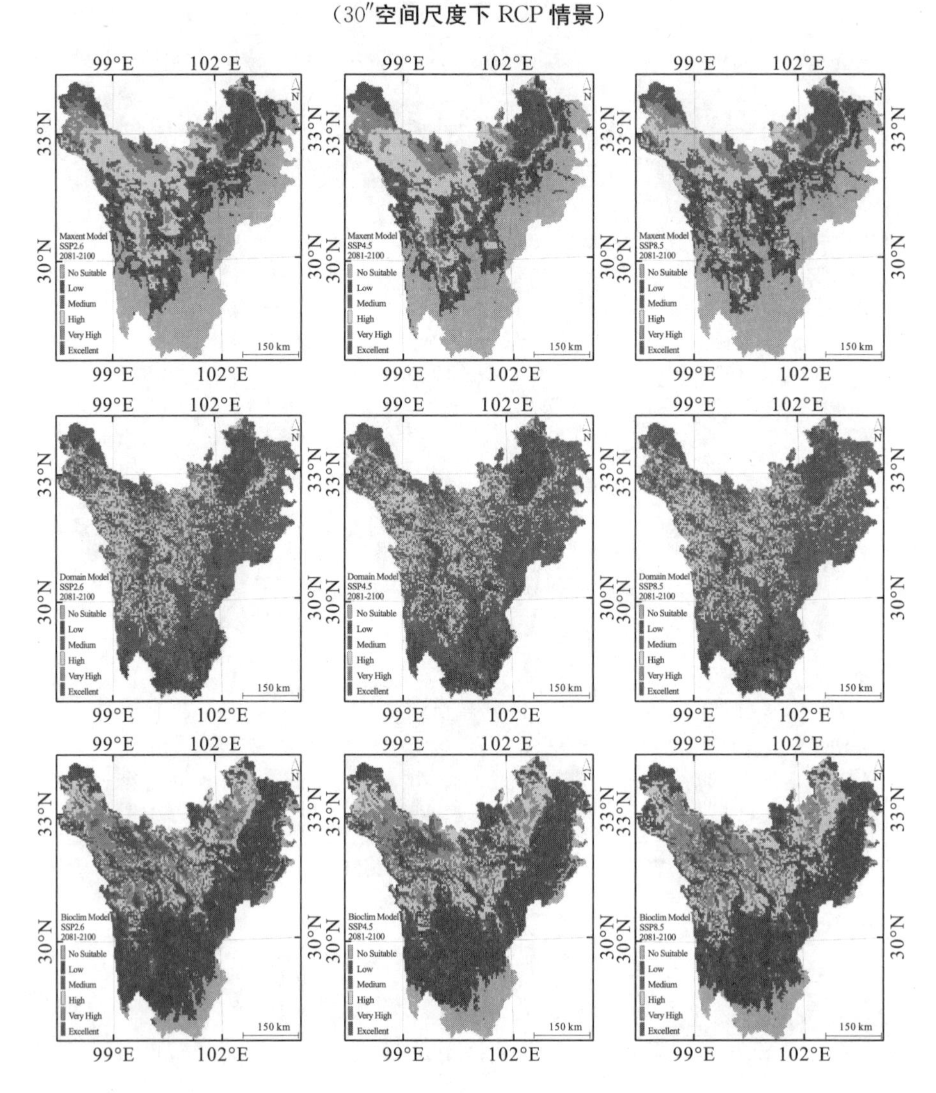

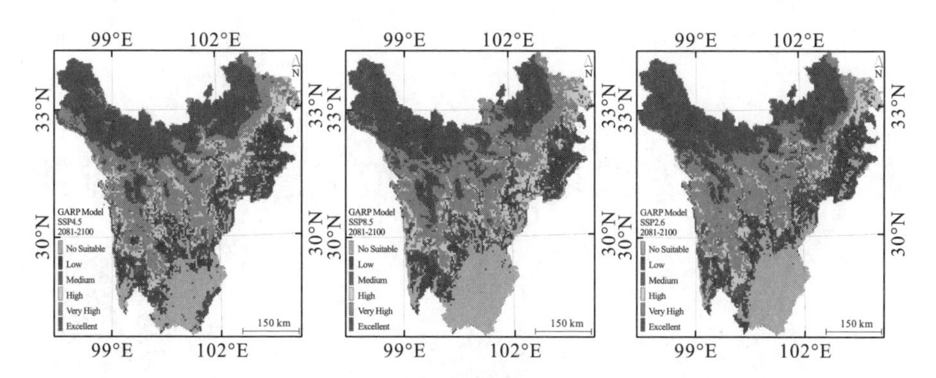

图 6－21　2081—2100 年四川高寒湿地空间分布模拟结果

（2.5°空间尺度下 SSP 情景）

第7章　高寒湿地生态环境遥感大数据监测

7.1　高寒湿地生态环境遥感监测指标体系

生态环境是指影响人类生存与发展的水资源、土地资源、生物资源以及气候资源数量与质量的总称，是关系到社会和经济持续发展的复合生态系统。刘厚田（1996）介绍了湿地生态环境的基本内涵，认为湿地生态环境主要包括湿地水文（水的输入与输出、水深和水流方式、淹水周期）、湿地土壤（矿质土和有机土—泥炭土）和湿地生态（湿地生态系统多样性和演替）。《重要湿地监测指标体系》（GB/T 27648—2011）中没有"湿地生态环境"的表述，而是用"湿地状态"来表示湿地生态环境质量，主要从湿地类型、湿地面积、湿地气象要素、水文、水质、湿地土壤、湿地植被及其群落、湿地野生动物几个方面进行阐述。此外，又进一步解释了影响湿地状态的因素，主要包括人口、农业、渔业和水产业、牧业、旅游业、交通运输、污染物排放。《重要湿地监测指标体系》中对于湿地状态的表述与刘厚田关于湿地生态环境的解释相比，增加了湿地气象要素，并对水文、湿地植被及其群落、湿地野生动物的解释更加具体明确。以往较多的研究混淆了湿地生态环境的概念，突出问题是忽略了湿地水资源和湿地生物资源，仅用土地资源（湿地类型和面积）和区域气候资源来表示。高寒湿地生态环境是指影响高寒湿地质量与状态的内外部要素的总称，应该包括湿地景观类型（类型、斑块面积）、湿地水文、湿地气候、湿地生物量和外部干扰因素。

根据川西地区的自然环境、区域气候条件和经济发展情况，以及本书对高寒湿地生态环境概念的表述，参考《重要湿地监测指标体系》和《湿地生态风险评估技术规范》（GB/T 27647—2011），构建四川高寒湿地生态环境变化监测体系（表7-1），进而对四川高寒湿地生态环境变化趋势进行分析。

表 7—1　四川高寒湿地生态环境监测指标体系

一级指标	二级指标	指标体系构建的依据
景观类型	沼泽湿地 湖泊湿地 河流湿地	四川高寒湿地主要类型为沼泽湿地（草本沼泽和灌丛沼泽）、湖泊湿地与河流湿地（季节性和永久性）。对湿地类型变化监测十分重要，例如，出现草本沼泽湿地转化成沼泽化草甸表明该区域出现了湿地退化的问题；永久性湖泊转化成季节性湖泊湿地等
	湿地面积	根据《重要湿地监测指标体系》，湿地面积变化是湿地生态环境监测的重要内容，湿地面积减少或增加可以反馈其整体生态环境质量
水文	水体指数 水域范围 土壤湿度 雪覆盖面积 雪覆盖深度	根据 GB/T 24708—2009 中关于湿地水文的阐述和规定。同时结合甘孜州、阿坝州和凉山州的水文情况及数据的可用性，选择归一化水体指数（NDWI）、水体范围、表层土壤湿度、上游地区冰雪覆盖厚度和面积作为高寒湿地水文状况监测指标。NDWI 可以较好地反映该地区地表水分布。冰雪覆盖数据（Snow cover、Snow depth）可以较好地从湿地水源补给来分析湿地面临的水文环境
生物量	归一化植被指数 强化植被指数	沼泽湿地类型以沼泽化草甸为主，对草本沼泽湿地的植被覆盖度进行监测能够较好地反映某一湿地斑块是否存在盐碱化和沙漠化趋势，从而反馈该地区的湿地生态环境状况。NDVI 和 EVI 可以较好地表征植被覆盖度（郁闭度）情况，故选择植被指数作为监测指标
	初级生产力 净生产力 光合有效辐射	植被生产力（GPP、NPP）和光合有效辐射（FPAR）可以较好地反应湿地植被的生长状态和活力，体现湿地植被生长质量
气候	气温 降水 蒸发 地表温度 干旱指数	高寒湿地分布区海拔较高，湿地随季节更替而变化。故高寒湿地对于区域的气候变化尤其敏感，特别是气温和降水变化。本章选择降水（Precipitation）、气温（Mean AT－2m）、蒸散量（ET）、地表温度（LST）和干旱指数（PDSI）作为湿地生态环境监测气候指标
外部干扰	人口 居民点 交通网 地表温度	高寒湿地分布区属于生态脆弱区，湿地生态环境容易受到外部干扰。人类活动对于湿地生态环境的影响较大，尤其是区域人口增加、居民点扩张以及交通网建设。结合《重要湿地监测指标体系》选择人口密度、地表温度（代表耕地）变化作为影响湿地生态环境的外部干扰指标

7.2 高寒湿地生态环境变化遥感监测

7.2.1 高寒湿地生态环境变化监测尺度

四川高寒湿地涵盖高寒沼泽湿地、高寒湖泊湿地、河流湿地及冰川湿地四种类型，湿地空间分布覆盖不同纬度和不同海拔区，湿地的发生发育环境具有明显差异性。湿地生态环境变化分析尺度会对分析结果产生明显影响，大尺度研究可以获得区域湿地生态环境变化总体特征和规律，小尺度研究可以更好地掌握典型地区湿地的时空变化特点。因此，根据湿地空间分布特征和所使用空间大数据集特性，采用复合尺度（图7－1）对高寒湿地生态环境指标变化进行分析，即区域尺度（整个研究区）、样带尺度（Plot 1～Plot 5）和样点尺度（以样点为圆心，半径为5km的圆形区域）。区域尺度可以发挥出遥感大数据覆盖范围广、时间分辨率高的特点。样带尺度可以对研究区进行分区，进而分析各个典型沼泽湿地的生态环境变化趋势。样点尺度可以在样带尺度的基础上对样带变化明显的点进行再分析，获取样带不同点位湿地生态环境变化差异。具体而言，根据高寒湿地的类型、空间分布规律，选取5个高寒湿地分布样带。沼泽湿地从低纬度到高纬度，覆盖四川高寒沼泽湿地的典型地区，如海子山国家级自然保护区、新龙南、四川若尔盖湿地国家级自然保护区、红原南和长沙贡玛国家级自然保护区。相比高寒沼泽湿地，高寒湖泊湿地分布更加零散且数量众多，为了更真实地反映出不同高寒湖泊湿地生态环境变化趋势，选取18个典型高寒湖泊湿地样点，对其周围生态环境变化情况进行数据分析。选取原则是该湖泊所处环境具有一定代表性，覆盖不同纬度和海拔区，包括不同面积的湖泊。高寒湖泊湿地样点分布如图7－2所示。以湖泊样本点为中心，绘制半径为5km的圆形缓冲区，通过分析缓冲区内生态环境因子（气候、景观类型、生物量、水文等）来分析湖泊样本生态环境变化趋势。相较于高寒沼泽湿地，高寒湖泊湿地的海拔更高，人类活动罕至，因此，剔除了如夜间灯光等因子。

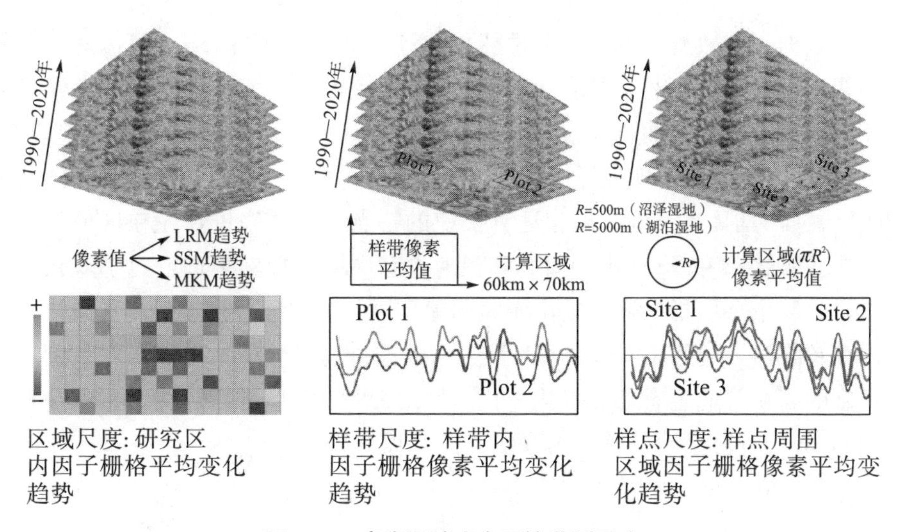

图7—1　高寒湿地生态环境监测尺度

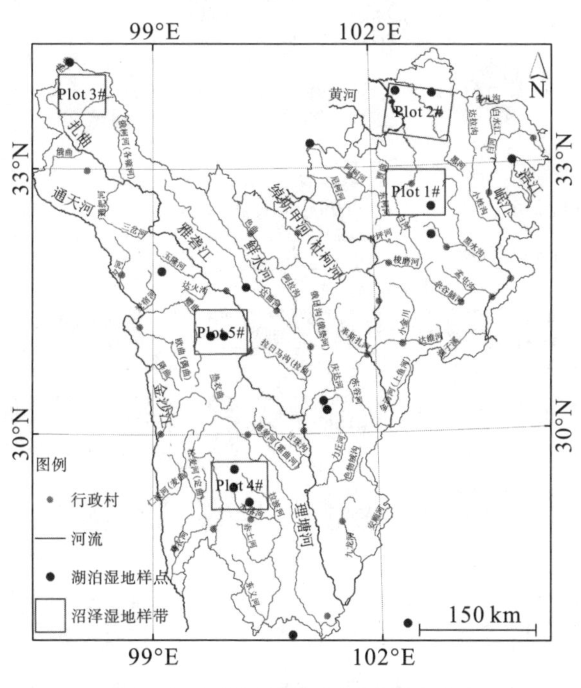

图7—2　四川高寒湖泊湿地样点分布

7.2.2　高寒湿地生态环境变化分析方法

本书主要是对卫星驱动产品大数据集中的栅格数据进行多尺度趋势分析，根据研究需要，选择LRM、SSM、MKM三种分析方法。MKM模型可用于检测影像数据（离散型）的非季节性变化趋势（单调趋势）；SSM 可以对变化趋势的幅度进行定量表述，结合 Z 统计对变化趋势的显著性进行检验。影像数据相对于数值型数据而言，在模型运算时需要巨大的系统内存，如果地理空间数据过大，会导致模型运行时系统运算内存超限。为解决这一问题，引入 LRM 模型，其具有结构简单和运算快速的特点。具体来说，先在区域尺度上使用 MKM 模型和 SSM 模型对高寒湿地生态环境大数据集进行时空变化趋势分析，当某个环境指标数据集由于时间序列过长或空间分辨率过高导致模型运行内存超限时，使用 LRM 模型对该数据集进行趋势分析。对于样方尺度和样点尺度的高寒湿地生态环境变化分析，使用 LRM 模型进行计算，目的是充分使用 GEE 云计算平台的计算力来提高大数据分析效率。

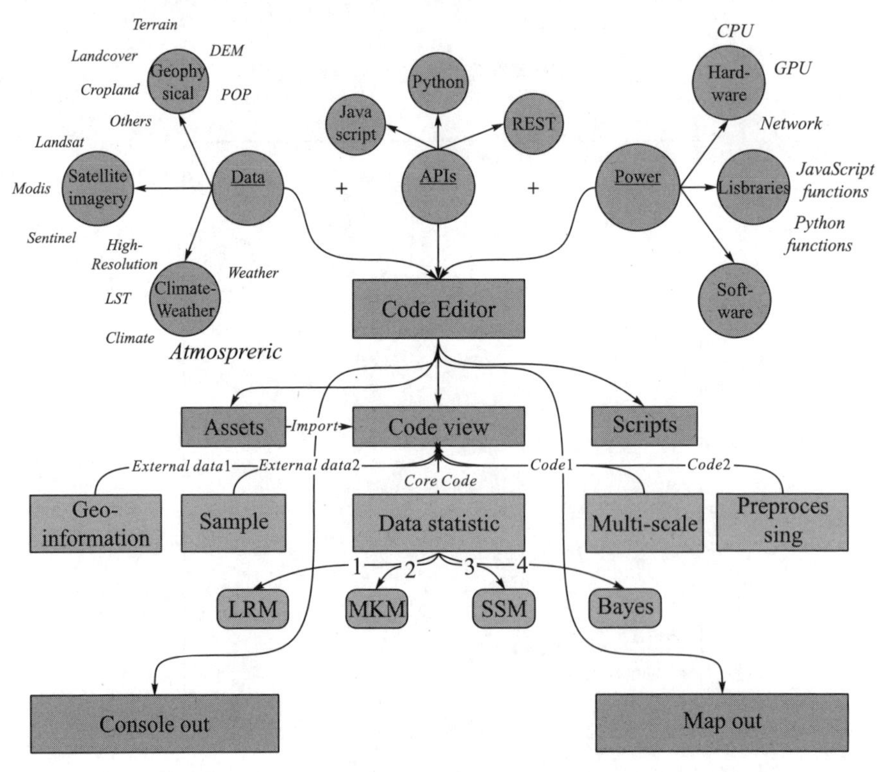

图 7—3　基于 GEE 云计算平台高寒湿地生态环境趋势变化分析方法

7.3　高寒沼泽湿地生态环境变化遥感监测

7.3.1　高寒沼泽湿地样带选择与空间分布

四川高寒湿地空间分布地理跨度较大，影响其发生、发育的环境因素具有明显差异。为更好地分析不同湿地空间分布区生态环境的变化情况，选取 5 个典型高寒沼泽湿地分布样区。样带选择需求具有一定代表性，兼顾高—低纬度区、高—低海拔区，覆盖草本沼泽、灌丛沼泽与森林沼泽等沼泽湿地基本类型。因此，选取红原、若尔盖、稻城、新龙、石渠 5 个典型高寒沼泽湿地分布区，依据每个地区湿地空间分布范围，设置 5 个 70km×60km 样带（图 7−3）。根据研究区的范围和遥感大数据集的特性，对高寒沼泽湿地生态环境指标变化进行分析时，采用复合尺度方法，即区域尺度（整个研究区）、样带尺度（Plot 1～Plot 5）和样点尺度。

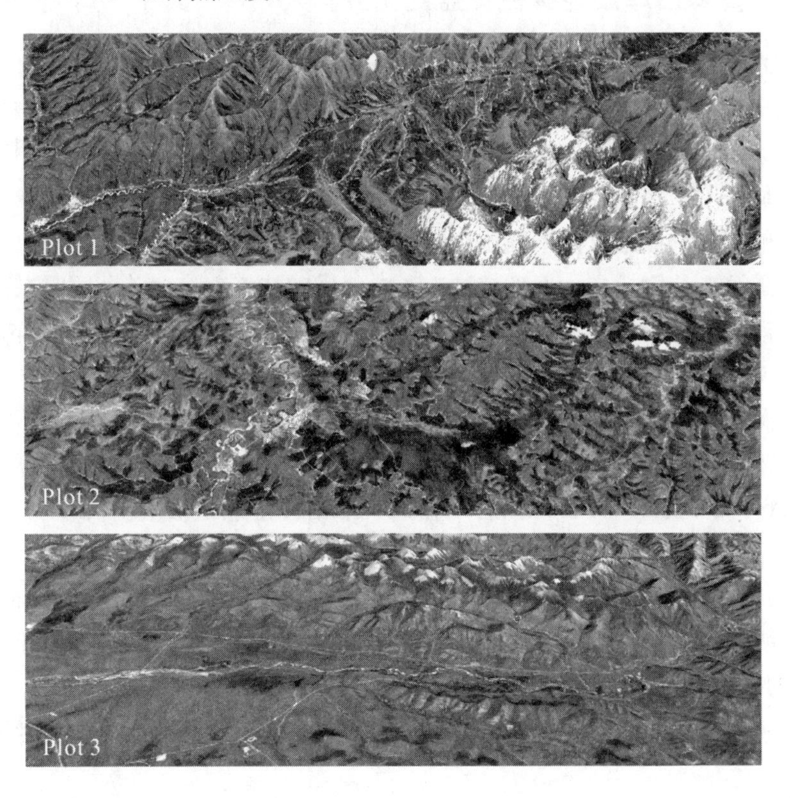

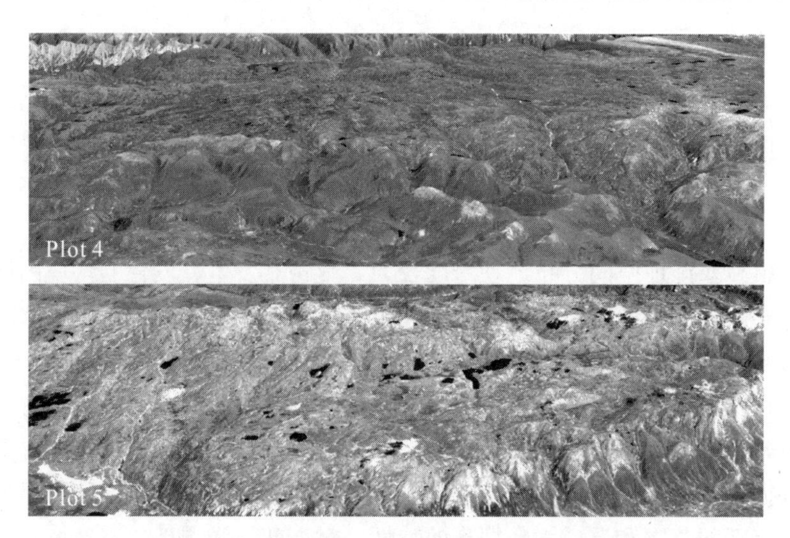

图 7－3　四川高寒沼泽湿地样带三维地理环境

7.3.2　高寒沼泽湿地植被覆盖变化分析

（1）高寒湿地植被覆盖季节变化分析。

四川高寒湿地主要分布在高海拔地区，湿地变化受区域温度的影响明显，尤其是季节性湿地。开展高寒湿地生态环境变化分析前，要先确定不同湿地类型的水域范围、植被活力、年内变化规律。在最佳时期开展湿地生态环境监测，能够更加全面地监测不同湿地样带、湿地类型的生态环境变化趋势。四川高寒湿地分布范围较广，湿地植被南北向区域随纬度变化显著，同时东西向区域受干湿地带性影响明显。因此，对整个研究区湿地生态环境进行分析时，应该综合考虑不同湿地样带的植被季节变化特点。对四川高寒湿地典型样带植被季节变化进行了大数据分析（表 7－2 和图 7－4）。通过对不同样带、不同湿地类型、不同样点的统计可以看出，Plot 1（红原）灌丛沼泽湿地植被覆盖峰值为 DOY＝197.25 天。Plot 2（若尔盖）草本沼泽湿地植被覆盖峰值为 DOY＝205.25 天。相比之下，Plot 3 样带植被覆盖峰值为 DOY＝225.25 天。这与石渠所处地理位置有关，其水热条件与若尔盖和红原存在明显差异。Plot 4 和 Plot 5 植被覆盖峰值出现时间相近。由 5 个样带、20 个样点的数据统计可以看出，四川高寒湿地植被覆盖最佳时期出现在全年第 197.25～225.25 天。因此，对区域尺度植被生态环境变化进行分析时，可以选用此时间段或临近时间段的数据。

表 7-2　四川高寒沼泽湿地典型样带植被季节变化分析

<table>
<tr><th>样带编号</th><th>采样点</th><th>地理坐标（°）</th><th colspan="2">植被覆盖峰值（DOY）</th><th>NDVI</th></tr>
<tr><td rowspan="4">Plot 1
灌丛沼泽</td><td>P1P1</td><td>102.587，32.561</td><td>197</td><td rowspan="4">197.25</td><td>0.804</td></tr>
<tr><td>P1P2</td><td>102.654，32.624</td><td>189</td><td>0.797</td></tr>
<tr><td>P1P3</td><td>102.754，32.684</td><td>184</td><td>0.791</td></tr>
<tr><td>P1P4</td><td>102.892，32.761</td><td>207</td><td>0.849</td></tr>
<tr><td rowspan="4">Plot 2
草本沼泽</td><td>P2P1</td><td>102.663，33.456</td><td>196</td><td rowspan="4">205.25</td><td>0.801</td></tr>
<tr><td>P2P2</td><td>102.665，33.725</td><td>221</td><td>0.851</td></tr>
<tr><td>P2P3</td><td>102.687，33.888</td><td>198</td><td>0.758</td></tr>
<tr><td>P2P4</td><td>102.902，33.777</td><td>206</td><td>0.756</td></tr>
<tr><td rowspan="4">Plot 3
沼泽化草甸</td><td>P3P1</td><td>97.987，34.126</td><td>226</td><td rowspan="4">225.25</td><td>0.49</td></tr>
<tr><td>P3P2</td><td>98.182，33.912</td><td>227</td><td>0.698</td></tr>
<tr><td>P3P3</td><td>97.774，33.908</td><td>221</td><td>0.68</td></tr>
<tr><td>P3P4</td><td>97.743，33.793</td><td>227</td><td>0.434</td></tr>
<tr><td rowspan="4">Plot 4
沼泽化草甸</td><td>P4P1</td><td>99.818，31.399</td><td>228</td><td rowspan="4">220.00</td><td>0.692</td></tr>
<tr><td>P4P2</td><td>99.735，31.335</td><td>216</td><td>0.667</td></tr>
<tr><td>P4P3</td><td>99.905，31.361</td><td>215</td><td>0.739</td></tr>
<tr><td>P4P4</td><td>99.985，31.216</td><td>221</td><td>0.53</td></tr>
<tr><td rowspan="4">Plot 5
沼泽化草甸</td><td>P5P1</td><td>100.05，29.367</td><td>217</td><td rowspan="4">217.75</td><td>0.647</td></tr>
<tr><td>P5P2</td><td>100.11，29.564</td><td>214</td><td>0.618</td></tr>
<tr><td>P5P3</td><td>100.338，29.21</td><td>216</td><td>0.628</td></tr>
<tr><td>P5P4</td><td>100.042，29.292</td><td>224</td><td>0.709</td></tr>
</table>

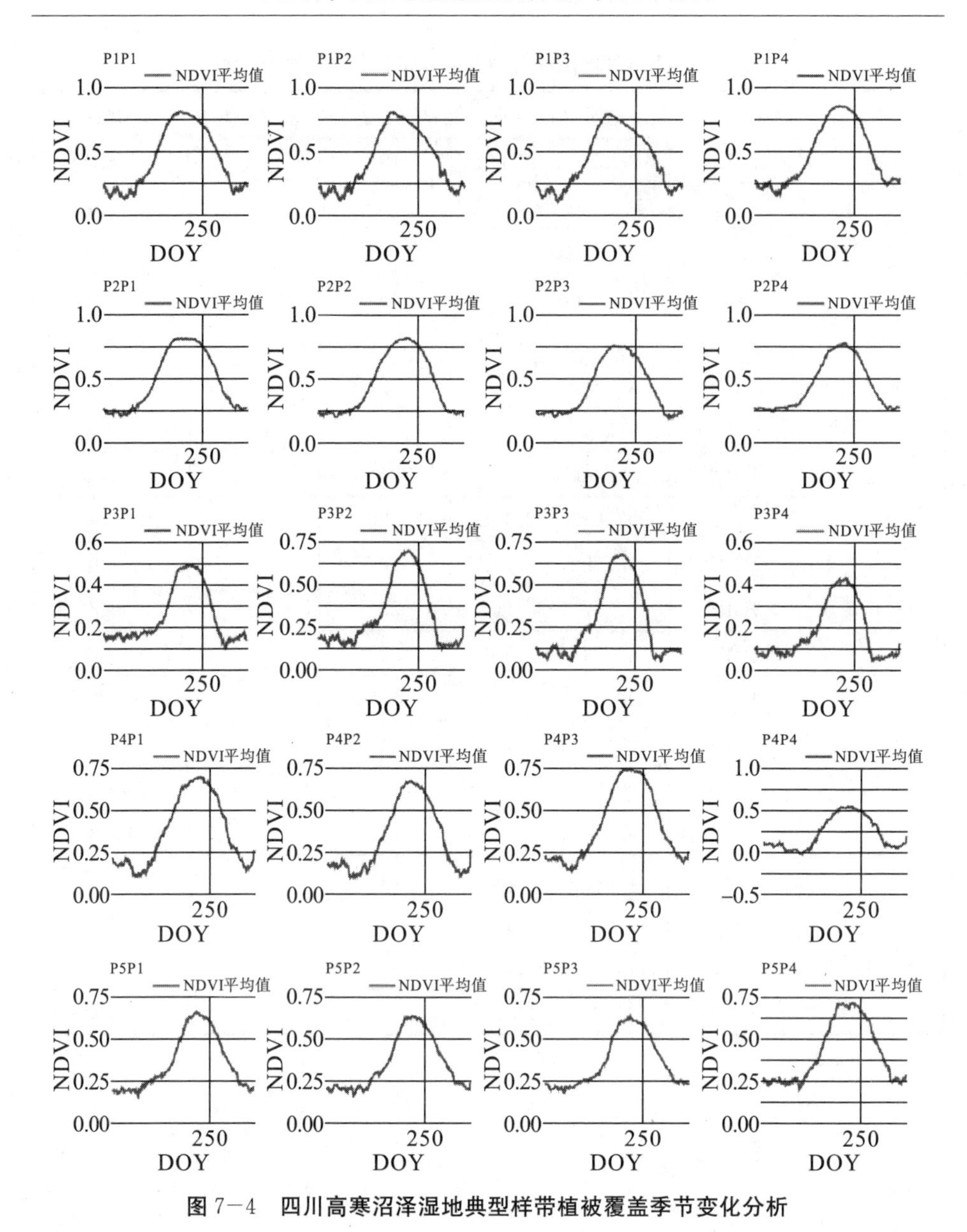

图 7—4 四川高寒沼泽湿地典型样带植被覆盖季节变化分析

（2）高寒沼泽湿地植被覆盖年际变化分析。

对典型沼泽湿地样带植被季节变化进行分析，结果显示，全年第 197.25～225.25 天是植被活动最旺盛时期。鉴于研究区和不同样带/样点的物候期差异及数据集时间分辨率的不同，选择 7 月上旬至 9 月中旬的 GIMMS 3g NDVI、MODIS13Q1 NDVI 和 EVI 三种植被指数，利用 LRM 模型、SSM 模型和

MKM 模型进行时空变化分析，完成 Plot 1～Plot 5 的植被覆盖年际变化分析(图 7－5)。

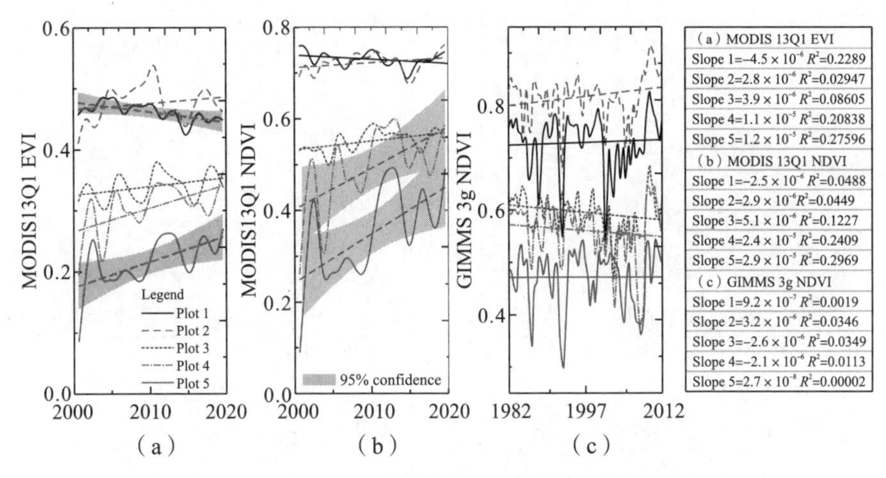

图 7－5　四川高寒沼泽湿地植被覆盖年际变化分析

从图 7－5（c）可以看出，1982—2012 年 Plot 1 和 Plot 2 样带 GIMMS 3g NDVI 呈微弱的增长趋势，Plot 3 和 Plot 5 出现微弱的下降趋势，但不显著。通过对具有更高分辨率的 MODIS13Q1 NDVI 和 MODIS13Q1 EVI 进行分析发现，近 20 年来 Plot 1 的 NDVI（Slope＝－0.0000025）和 EVI（Slope＝－0.0000045)出现了较为微弱的下降趋势。该区域位于红原灌丛沼泽，从植被指数的数据变化趋势来看，存在一定程度的植被退化现象。而 Plot 2（若尔盖草本沼泽湿地）的 MODIS13Q1 NDVI（Slope＝0.0000029）和 MODIS13Q1 EVI（Slope＝0.0000028）呈现上升趋势。位于石渠的长沙贡马国家自然保护区的 Plot 3 的 MODIS13Q1 NDVI 和 MODIS13Q1 EVI 均呈上升趋势，Slope 分别为 0.0000051 和 0.0000039，相比纬度近似的 Plot 1，增加趋势较慢。Plot 4 和 Plot 5 的增加趋势较明显，MODIS13Q1 NDVI Slope 分别为 0.000024 和 0.000029，MODIS13Q1 EVI 增加趋势较平缓，Slope 分别为 0.000011 和 0.000012。通过对近 20 年四川高寒沼泽湿地样带 MODIS (250m) NDVI 和 EVI 数据进行 SSM 分析和 M－K 趋势显著性检验，得到四川高寒沼泽湿地植被覆盖空间变化分布（图 7－6）。通过对图中湿地分布区 NDVI 和 EVI 总体变化趋势进行分析可看出，Plot 4、Plot 5 湿地植被覆盖呈现增加趋势，显著性较高。而 Plot 1、Plot 2 和 Plot 3 及其周围地区植被覆盖呈现一定下降趋势。

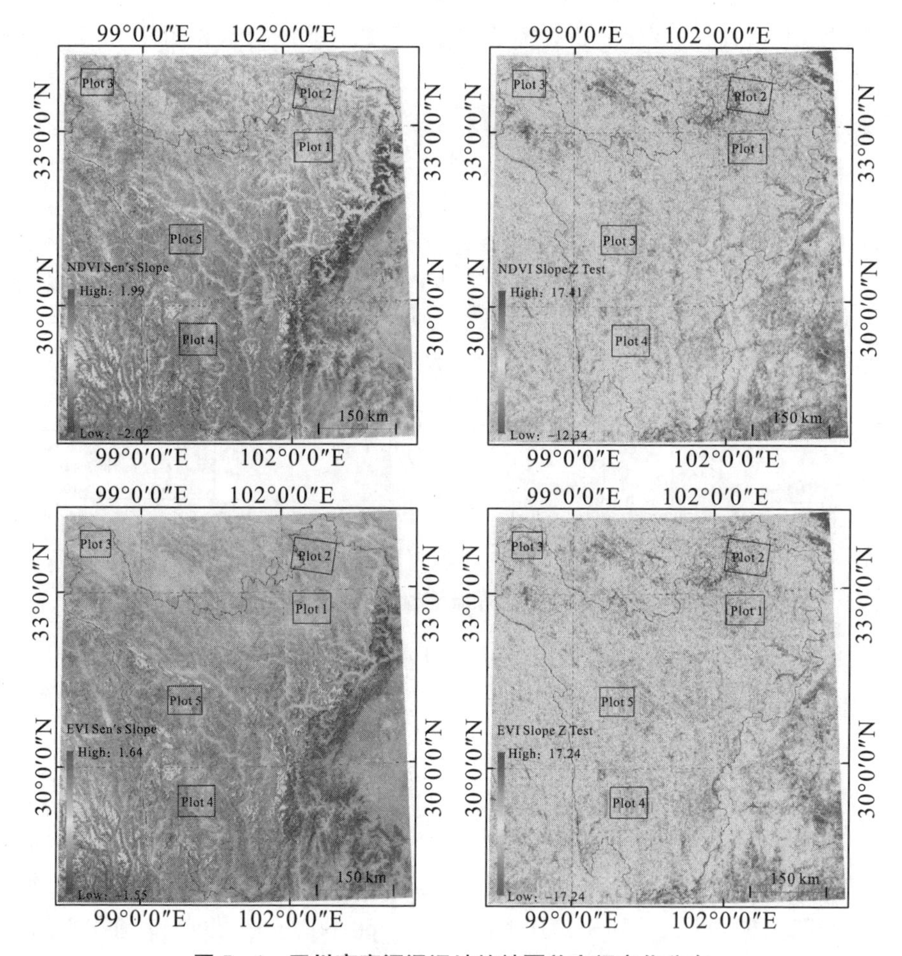

图 7—6 四川高寒沼泽湿地植被覆盖空间变化分布

7.3.3 高寒沼泽湿地生物量变化分析

通过 NDVI 和 EVI 的计算，可以较好地分析植被覆盖情况，然而对湿地植被生长质量状况则无法体现。根据《重要湿地监测指标体系》，湿地植被生物量是湿地生态环境监测的重要指标。因此，利用 MKM 和 SSM 趋势分析方法对高寒沼泽湿地植被生物量 MODIS FPAR、GPP 和 NPP 数据集进行分析，以研究高寒沼泽湿地不同样带植被生物量变化情况。其中，FPAR（有效光合辐射分量）反映了湿地植被的生产力，GPP 和 NPP 表示总初级生产力和净初级生产力，如图 7—7、图 7—8 所示。由图 7—7 可看出，三个生物量参数都呈现增加趋势。其中，新龙南部沼泽湿地（Plot 4）的 FPAR 增加最明显（Slope=0.00148），红原南部（Plot 1）和若尔盖（Plot 2）沼泽湿地的 FPAR

变化趋势基本一致，这与样区距离较近有关。5 个样带 GPP 变化趋势中，Plot 2增加最明显（Slope=0.02035），Plot 5（海子山）的变化波动制度最大，这也体现了两个地区植被生态环境的差异。Plot 5 地区高海拔、气温较低且沼泽湿地植被稀疏，容易受到外部环境的影响。若尔盖湿地植被生态环境更好，GPP 变化波动程度较小。若尔盖和红原的 GPP 绝对值最大，Plot 2 增加最快（Slope=0.02035），略高于 Plot 1 和 Plot 2。通过对 FPAR、GPP 和 NPP 分析可以看出，5 个样带的植被生物量总体呈现增加趋势，表明湿地植被活力较高。图 7−7 体现了区域生物量的总体情况，无法表征整个川西地区和典型样带的差异性。为此，对 GPP 和 FPAR 进行空间趋势（Sen's Slope）运算，得到四川高寒沼泽湿地植被生物量空间变化分布（图 7−8）。对于整个研究区，高寒沼泽湿地生物量变化存在明显差异。在样带尺度上，5 个样带沼泽湿地植被生物量变化也存在明显差异，其中，Plot 1 和 Plot 2 分布着大面积的水域和泥炭地，在生物量空间变化分布表现为 GPP 和 FPAR 出现下降趋势。结合图 7−7和图 7−8 可以看出，高寒沼泽湿地样带植被生物量总体呈现微弱增加趋势，并存在明显的空间差异。在区域尺度上，新龙南部和海子山沼泽湿地植被生物量变化趋势总体更好（相对于自身历史数据），若尔盖沼泽湿地植被生物量产出基数高于前两者，但样带内存在湿地植被生物量下降地区。

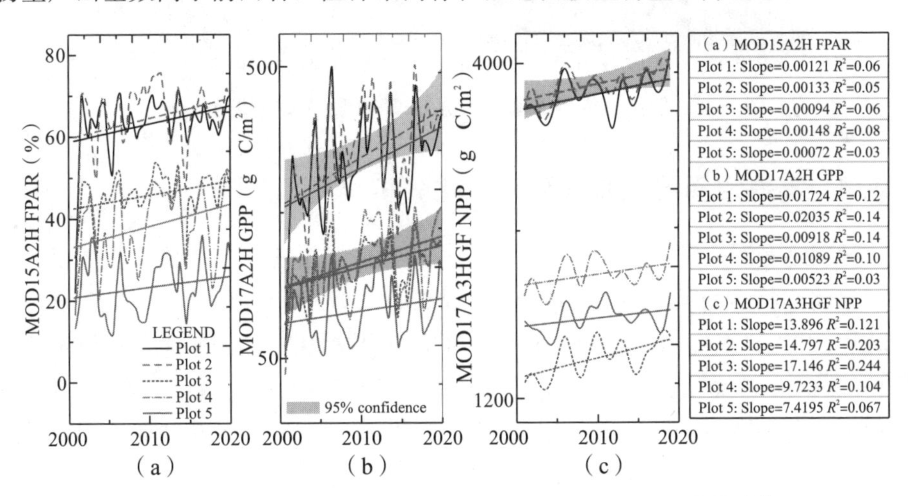

图 7−7　四川高寒沼泽湿地植被 FPAR、GPP 和 NPP 变化趋势

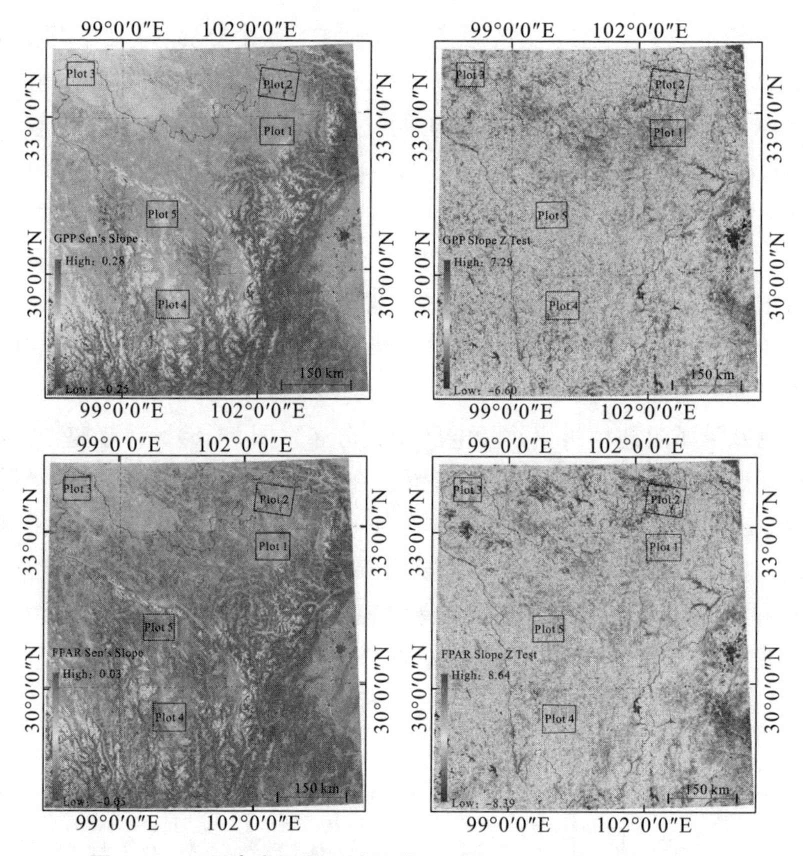

图 7—8　四川高寒沼泽湿地植被 GPP 和 FPAR 空间变化分布

7.3.4　高寒沼泽湿地水文环境变化分析

地表水是湿地发生、发育的基础，其变化会对湿地生态环境产生关键性影响。为此，整合国际开源水体指数（MOD43A4 NDWI）、雪深和覆盖面积（ERA5 SCO/SDE）、土壤湿度（ERA5 SOIW）数据集对四川高寒沼泽湿地样带（Plot 1～Plot 5）的地表水与湿地补给源进行分析。通过运算得出四川高寒沼泽湿地水文变化趋势（图 7—9）。分析 NDWI 数据可以看出，5 个样带中只有若尔盖沼泽湿地水体指数出现微弱增加趋势，其他样带均呈现微弱减少趋势。近 20 年来，5 个样带地表积雪深度和面积都减少，其中，红原南部的减少趋势相较于其他样带最明显（Slope=－0.00352）。红原南部山地降水增加，而冰雪覆盖面积减少，表明积雪融化速度加快，这样提高了下游径流补给，表明红原南部和若尔盖沼泽湿地来自积雪融水的补给量增加。典型沼泽湿地样区的表层土壤水分总体变化不大，若尔盖沼泽湿出现了微弱下降，但趋势不明显。

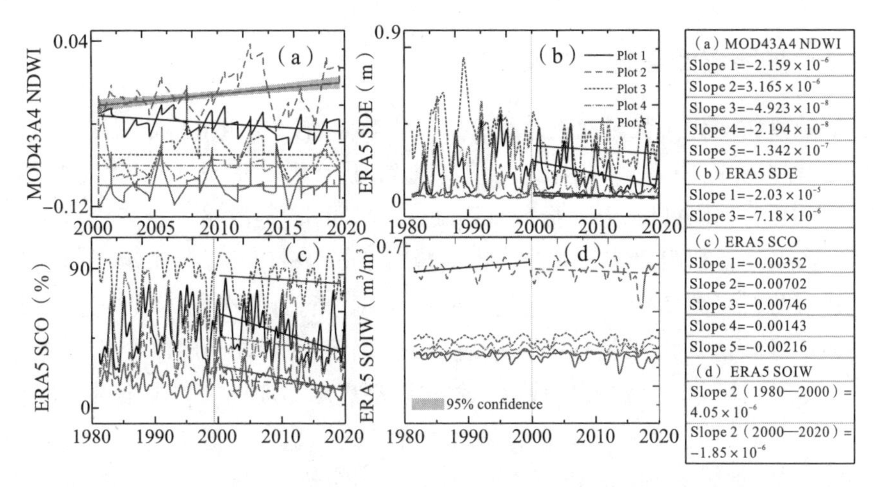

图 7－9　四川高寒沼泽湿地水文特征变化趋势

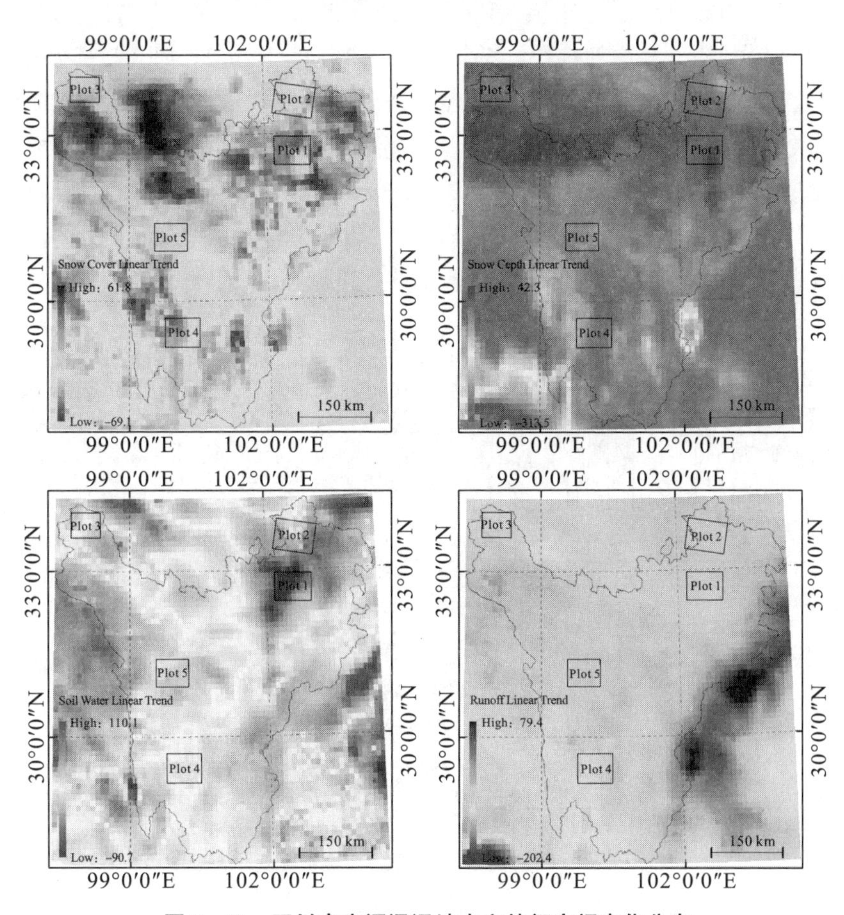

图 7－10　四川高寒沼泽湿地水文特征空间变化分布

7.3.5 高寒沼泽湿地气候变化分析

区域气候变化对区域地表过程有重要影响，所以在四川高寒沼泽湿地生态环境变化的研究中，对气候变化情况进行了分析。集成 ERA5 气温/降水（ATP/PRE）、IDAHO 干旱指数（PDSI）、MODIS 蒸散量和地表温度（ET/LST）数据集，利用遥感大数据计算平台对 Plot 1～Plot 5 高寒沼泽湿地气候变化进行分析（图 7−11）。通过对 ERA5 数据进行计算分析发现，近 20 年四川高寒沼泽湿地 5 个样带气温（地表 2m 处）和降水量呈规律变化趋势［图 7−11（a)］。其中，气温都呈现上升趋势，呈现高纬度地区气温上升较明显的特征。Plot 1、Plot 2 和 Plot 3 的降水量都呈减少趋势，但不显著。气温的增加和降水的减少会使地表水分蒸发量增加，导致湿地水域面积萎缩。分析 MODSI ET 也印证了这一结果，Plot 1、Plot 2 和 Plot 3 的 ET 都呈现微弱增加趋势，其中 Plot 2 增加较快（Slope＝0.00371）。Plot 1～Plot 3 都处于较高纬度地区，这与其气温增加明显吻合。处于低纬度地区的 Plot 4 和 Plot 5 的 ET 呈波动变化，整体为微弱升高趋势。近 20 年只有 Plot 4 和 Plot 5 的 PDSI 呈下降趋势，下降速率分别为−0.073、−0.089，这与两个样区的降水量增加（3.1×10^{-8}和 6.5×10^{-8}）有关系。Plot 1～Plot 3 的气温增加和降水减少会导致干旱指数增加。5 个样带的 LST 呈微弱上升趋势。

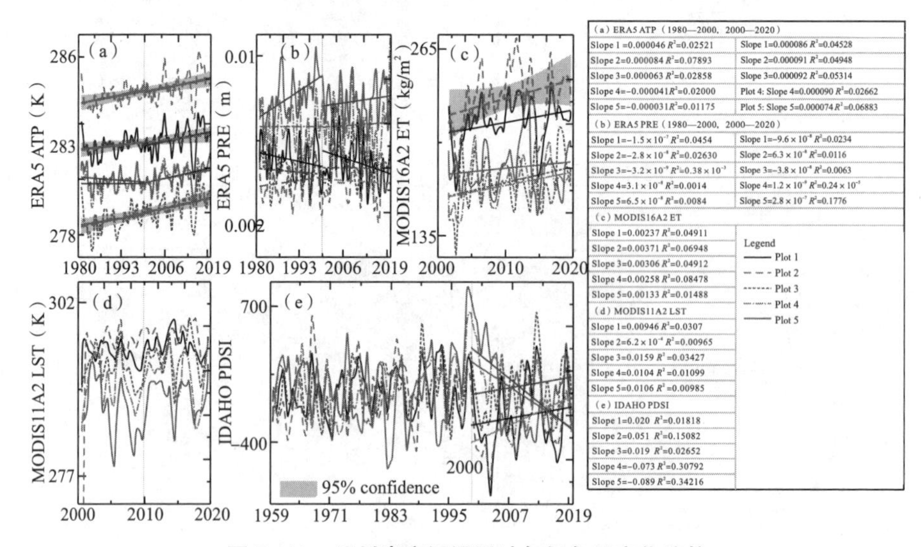

图 7−11　四川高寒沼泽湿地气候年际变化趋势

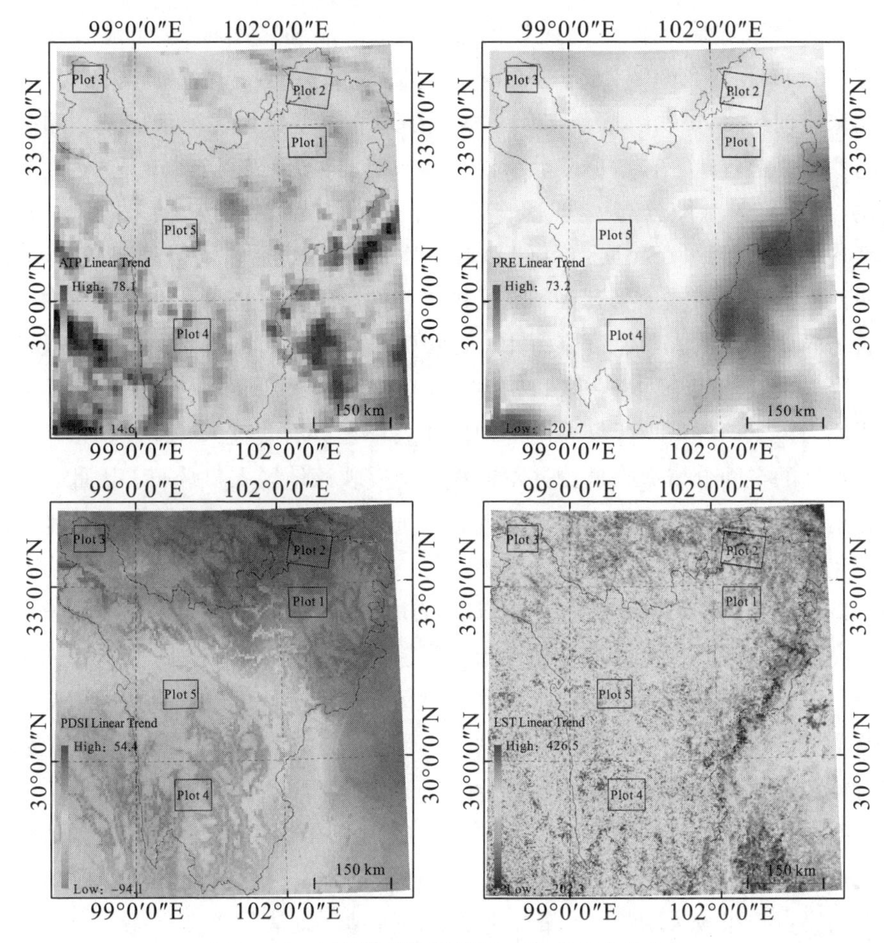

图 7－12　四川高寒沼泽湿地气候空间变化分布

7.3.6　高寒沼泽湿地外部干扰变化分析

高寒沼泽湿地生态环境的变化除受自然因素（气候、地质灾害、水文特征）的影响外，还很容易受到人类活动的影响。高寒沼泽湿地分布区属于典型的生态脆弱区，人类活动（如农田面积扩大、居民点扩张、部分地区旅游业过度开发等）都会对高寒湿地的生态环境产生影响。四川高寒沼泽湿地主要分布在甘孜州和阿坝州，地广人稀，居民区分布较少。根据其历年统计公报可知，地区经济在发展，人口也在增加，但湿地分布区的人口基本是流动性的（如旅游等）。如果利用统计数据对湿地的人类干扰因素进行监测，具有很大难度。因此，通过对现有国内外遥感数据集进行分析，筛选出 DMSP－OLS 夜间灯光数据、人口密度数据和地表温度数据。其中夜间灯光和人口密度数据可以较好地反应区域居民点扩张和人口的变化特征。农业耕作会改变地表热属性（Abdulla et al.，2020；Ramachandra et al.，2017；Wang et al.，2019），尤其在寒冷地区（Pan et al.，2020），故可用地表温度数据表征地区地表耕作强度的变化。通过这三种数据来分析四川高寒湿地生态环境受到外部因素干扰的变化。5个样带湿地分布区1992—2013年夜间灯光数据分析结果表明，灯光强度均呈上升趋势（Slope=0.0014），尤其2005年之后，上升趋势较为明显，表明四川高寒沼泽湿地受到人类居民区扩张的影响强度提高。此外，本书研究分析了5个样带的人口密度（每100m×100m网格），除Plot 1网格中人口密度下降外，其他四个网格中人口密度均呈上升趋势。Plot 2人口密度趋近于0，主要原因在于该样带位于红原南部山地北坡，人口活动较少。此外，人口密度网格数据的空间分辨率较低，并不能很好地反映该地区人口分布。因此，本书研究结合甘孜州和阿坝州的人口统计数据进行分析，一个明显特征是该地区的城镇化速度高于人口增长速度。总体而言，高寒沼泽湿地分布区受居民点扩张和人口密度增加的影响增大。地表温度分析结果表明，该区域地表温度没有明显升高趋势，除Plot 4外都呈现微弱下降趋势，说明该区域受人类耕作的影响较小，地表CO_2排放较低。样带尺度可对每个典型湿地的外部干扰因素变化进行监测分析，但不能体现该区域受到外部干扰的总体情况。故利用线性拟合模型对整个川西地区外部干扰因素进行空间变化计算，得到研究区域高寒沼泽湿地外部干扰因素的空间变化特征（图7－14）。由图可知，5个样带周围地区的居民点面积较小，但扩张强度较高。尤其是在Plot 2若尔盖沼泽湿地周围地区，居民点扩张较为明显。5个样带及其周围地区地表温度变化不明显，仅在Plot 5周围地区出现升高趋势。

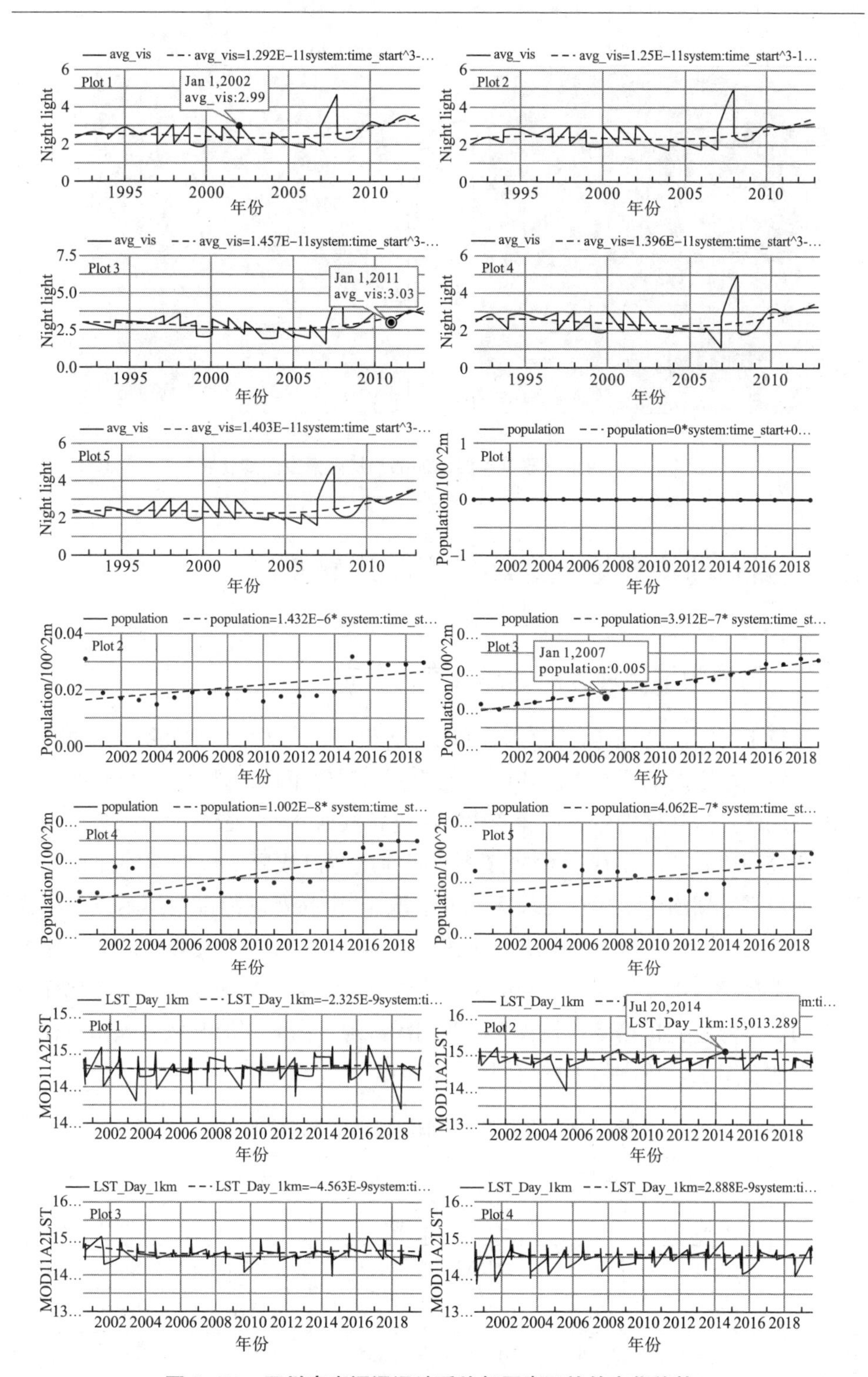

图 7－13　四川高寒沼泽湿地受外部因素干扰的变化趋势

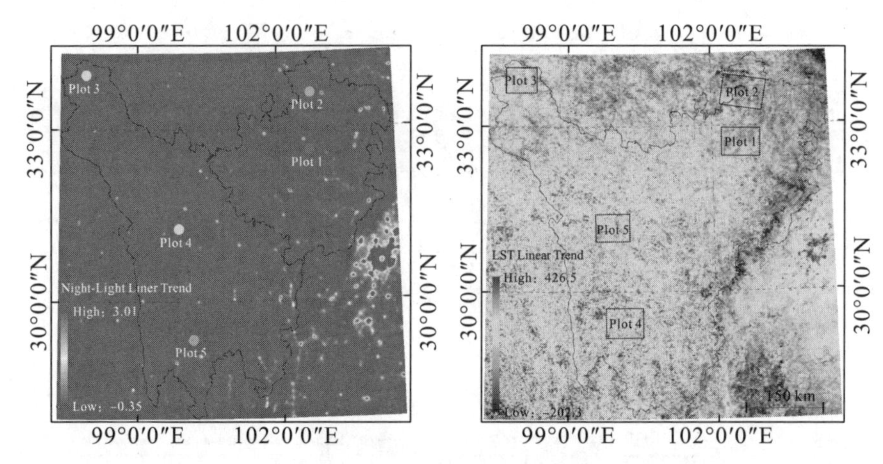

图 7—14　四川高寒沼泽湿地外部干扰因素空间变化特征

7.4　高寒湖泊湿地生态环境变化遥感监测

7.4.1　高寒湖泊湿地样点选择与空间分布

相较于高寒沼泽湿地，高寒湖泊湿地分布更加零散且数量众多，为更真实地反映不同高寒湖泊湿地生态环境变化趋势，选取了川西地区 18 个典型高寒湖泊湿地样点对其周围生态环境变化情况进行数据分析。选取的原则是该湖泊湿地所处环境具有一定代表性，覆盖不同纬度和海拔区，包括不同面积的湖泊。四川高寒湖泊湿地样点见表 7—3。选取 18 个高寒湖泊湿地样本点，以样本点为中心、5km 为半径的圆形区域作为样本点生态环境因素分析区。通过区域生态环境因素（气候、景观类型、生物量、水文等）来分析湖泊湿地样本周围的生态环境变化趋势。相较于高寒沼泽湿地，高寒湖泊湿地海拔相对较高且人类活动罕至，故剔除了如夜间灯光等因素。

表 7—3　四川高寒湖泊湿地样点选择情况

编号	名称	区域	经度（°）	纬度（°）	海拔	湖泊面积
1	查曲	石渠	97.847	34.207	4593m	0.5km×0.5km
2	兴措	若尔盖	102.361	33.856	3452m	2.5km×1.5km
3	花海	若尔盖	102.857	33.820	3434m	3.5km×2.5km
4	日干措	阿坝	101.166	33.280	4188m	0.6km×2.0km

续表

编号	名称	区域	经度（°）	纬度（°）	海拔	湖泊面积
5	长海子	九寨沟	103.937	33.028	3081m	0.5km×3.0km
6	红原南 1	红原	102.782	32.222	4305m	1.5km×0.5km
7	红原南 2	红原	102.794	32.540	4491m	0.1km×0.1km
8	新路海	德格	99.121	31.847	4029m	0.9km×2.7km
9	卡莎措	甘孜	100.262	31.663	3504m	0.6km×1.7km
10	拉龙措	新龙	99.763	31.112	4204m	0.8km×2.5km
11	赞多措那马	新龙	99.960	31.107	4398m	0.6km×6.0 km
12	亿比措	康定	101.285	30.375	4422m	0.4km×0.7km
13	巴日措	康定	101.328	30.271	4300m	0.6km×0.7km
14	哲如措	海子山	100.082	29.608	4565m	1.5km×2.5km
15	兴伊措	海子山	100.069	29.400	4427m	3.0km×3.0km
16	银冬措	海子山	100.278	29.236	4506m	2.5km×2.5km
17	邛海	西昌	102.325	27.835	1511m	6.5km×9.5km
18	泸沽湖	盐源县	100.828	27.726	2655m	5.0km×10.0km

7.4.2　高寒湖泊湿地生态环境变化分析

（1）高寒湖泊湿地植被覆盖变化分析。

如图 7－15 所示，近 20 年来，典型高寒湖泊湿地除邛海外，NDVI 均呈增加趋势，其中海子山地区典型湖泊湿地 NDVI 增加最明显，平均增速为 0.000175，其次为新龙南部的拉龙措和赞多措那马，平均增速为 0.000105。而邛海周围的 NDVI 呈下降趋势（Slope$=-3.19\times10^{-7}$）。此外，通过典型湖泊湿地的 GPP 数据可以看出，湖泊湿地植被活力呈增加趋势，与 NDVI 变化趋势总体一致。其中，湖泊湿地植被生物量基数较高的分布在南部泸沽湖－邛海和北部的若尔盖与九寨沟地区，近 20 年来 GPP 都以相对较快的速度增长。GPP 变化的空间分布与 NDVI 相比存在一定差异，GPP 增加较快的湖泊湿地主要分布在高纬度地区，如九寨沟、若尔盖、红原等。湖泊湿地的 NDVI 和 GPP 增加表明，湖泊湿地（5km 范围）的植被生境得到改善，但趋势不明显，且存在一定波动性。

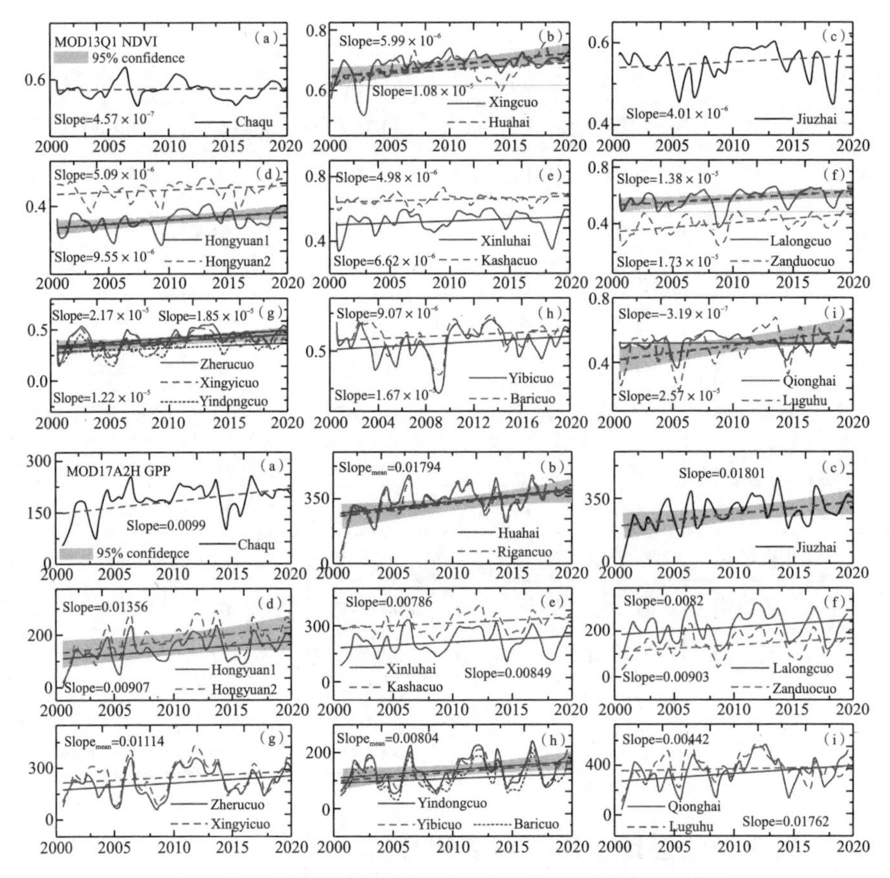

图 7－15 四川高寒湖泊湿地植被覆盖与生物量变化趋势

（2）高寒湖泊湿地气温和降水变化分析。

通过对 EAR5 高寒湖泊湿地的气温和降水数据进行分析，得到图 7－16。四川高寒湖泊湿地气温均呈现上升趋势（与沼泽湿地气温变化一致），高纬度和高海拔地区的升温较明显。其中升温速度较快的主要有查曲河流域的小湖泊（Slope=1.195$\times 10^{-4}$）、若尔盖地区的兴措—花海（Slope=8.257$\times 10^{-5}$）、新路海—卡莎措（Slope＝6.848$\times 10^{-5}$）和新龙南部的拉龙措—赞多措那马（6.4308$\times 10^{-5}$）。位于低纬度、低海拔地区的泸沽湖湿地样本区气温则存在一定下降趋势（Slope=－1.9180$\times 10^{-6}$）。与气温变化相比，降水变化存在较明显的空间差异性。查曲河流域的小湖泊和新路海—卡沙湖样本区降水呈现微弱的增加趋势，增速分别为 7.936$\times 10^{-5}$、2.225$\times 10^{-5}$。而九寨沟和红原南部高海拔湖泊湿地降水呈下降趋势。位于若尔盖的兴措—花海、康定的亿比措、海子山的哲如措—兴措—银冬措、西昌的邛海—泸沽湖呈先增加后减少的趋势。

总体而言，近 20 年四川高寒湖泊湿地气温呈升高趋势，且高纬度地区较明显，而降水则为下降趋势。

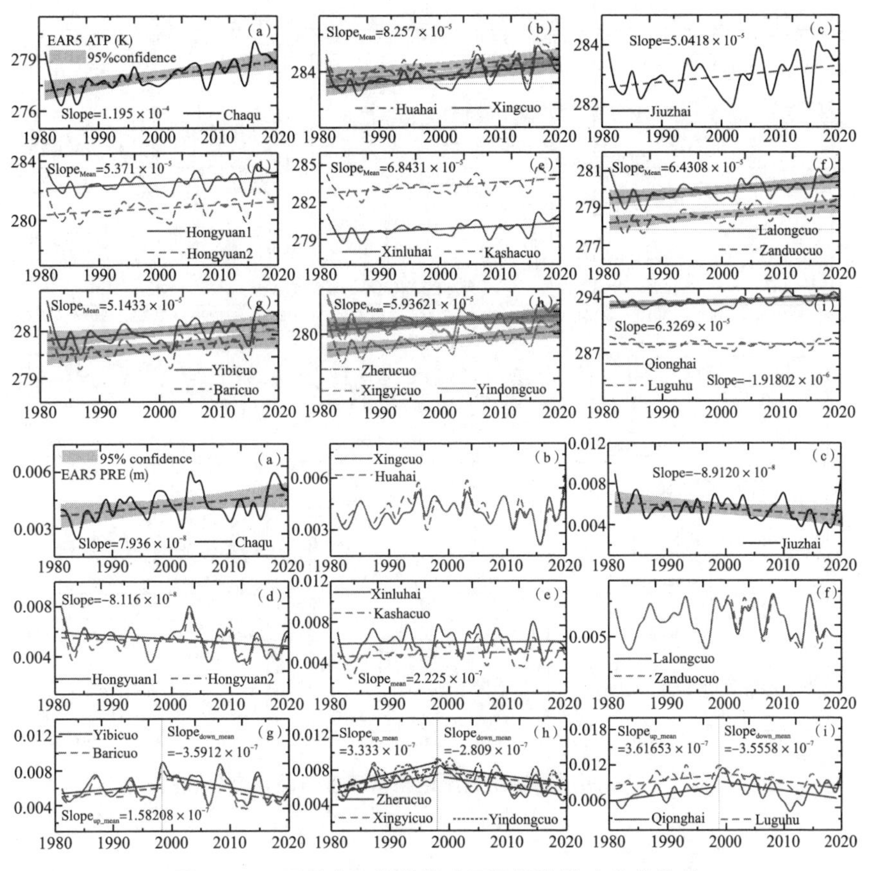

图 7—16　四川高寒湖泊样本区气温和降水变化趋势

（3）高寒湖泊湿地积雪深度与面积变化分析。

冰雪融水是高海拔地区湖泊湿地水源的重要补给形式，分析高寒湖泊湿地区积雪深度和面积，可以更好地了解湖泊湿地的水文环境。通过对近 40 年 EAR5 冰雪覆盖深度与面积进行分析，得到四川高寒湖泊湿地积雪深度（SDE）与面积（SCO）变化趋势（图 7—17）。查曲河流域、红原南部、新路海、赞多措那马等湖泊湿地积雪面积总体较大，且波动较小。而若尔盖、海子山和康定地区的高寒湖泊湿地积雪面积呈减少趋势，减少速率分别为−0.00155、−0.00101 和−0.0018。红原南部、新路海和新龙南部湖泊湿地积雪深度较高。九寨沟地区和红原南部湖泊湿地积雪深度先升高后降低，转折点分别为 1995 年和 2005 年。

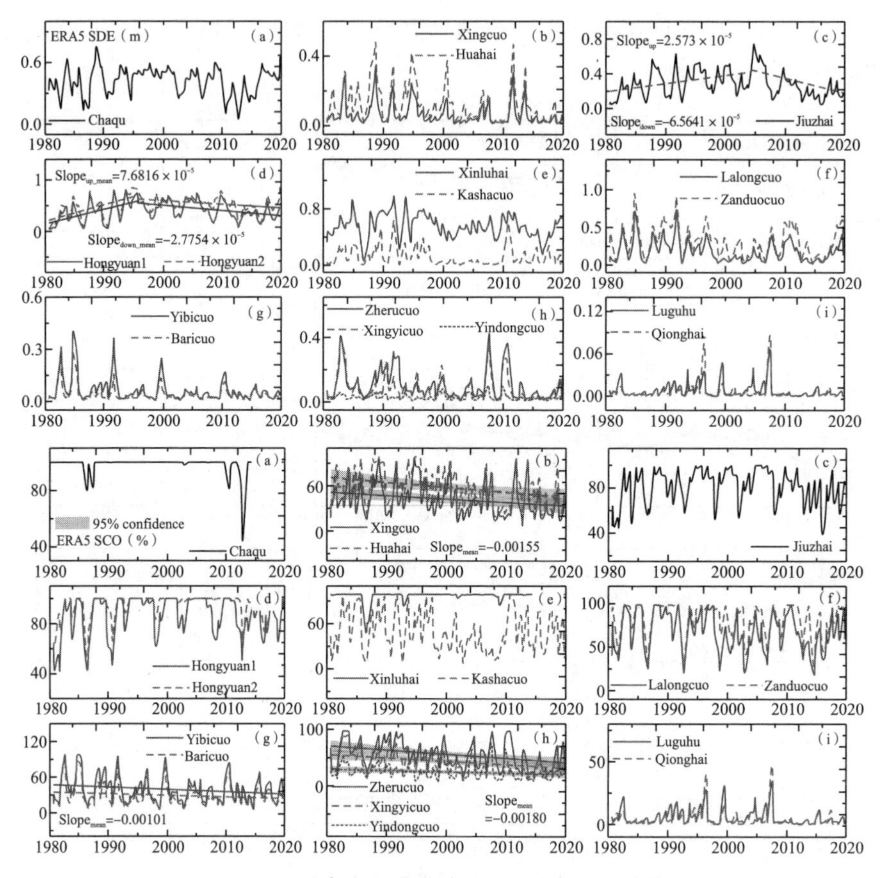

图 7－17　四川高寒湖泊湿地积雪深度与面积变化趋势

7.5　高寒湿地生态环境变化趋势验证

利用本书方法对 5 个样地的湿地植被变化进行分析，高海拔地区湿地植被呈增加趋势，低海拔地区则呈下降趋势，尤其是 Plot 1 和 Plot 2 植被退化现象更明显。因此，利用多期 Landsat 影像及 NDVI 指数来验证这两个样地的植被变化和人类活动强度。结果表明，若尔盖和红原地区的植被指数有所下降。显然，这与本书研究中 MODIS NDVI/EVI 的变化趋势是一致的。通过分析近期 Landsat 影像特征可知，NDVI 下降的主要原因是农业和城市扩张。相关研究也证明，若尔盖地区高寒湿地草甸退化，如草甸萎缩、生态退化、耕地增加和旅游开发。通过验证表明，本书研究的植被动态和变化趋势结果合理、可信。

栅格数据分析结果表明，研究区 ATP 呈明显上升趋势，尤其是 Plot 1、

Plot 2、Plot 4 和 Plot 5。然而，所用数据的低空间分辨率使分析结果不确定。因此，使用气象观测数据来验证结果。具体来说，利用离高寒湿地样地最近的气象站 ATP 观测数据，验证 ERA5 ATP 栅格的变化趋势，并计算 4 个样地中两个数据的相关性（图 7－18）。验证结果表明，4 个地块的 ATP 呈上升趋势，通过了 0.05 水平的置信度检验。变化趋势与 ERA5 一致。由于气象观测站与样地之间的距离和海拔高度差异，上升趋势斜率和温度值存在差异。Plot 1 和 Plot 2 距离各自的气象观测站较近，所以差异较小。

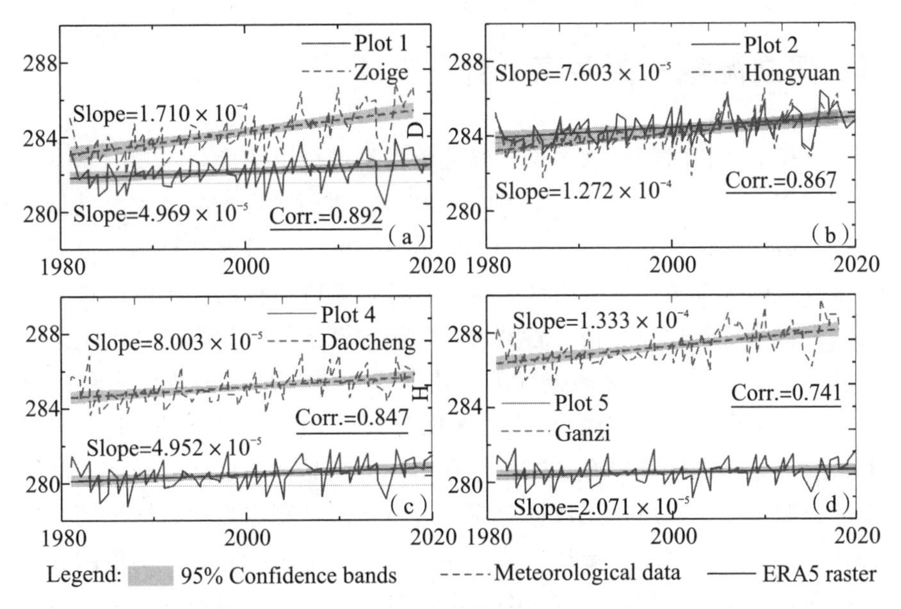

图 7－18　ERA5 数据与气候观测数据一致性验证

第 8 章　高寒湿地生态环境治理与保护策略

8.1　建立湿地资源共享平台

同口径下，长时间序列的高寒湿地数据是进行湿地变化监测的基本数据源。四川省在 1999—2000 年和 2012—2013 年进行了两次省域尺度的湿地资源调查，最小湿地斑块起算面积为 $100hm^2$ 和 $8hm^2$，目前已有湿地资源数据主要来自这两次调查。调查方法、调查规范、调查口径的差异使两次调查数据无法进行很好的比较分析，省域尺度的湿地资源量变化很难精确把握。因此，基于统一的湿地资源调查标准，建立四川省湿地资源数据平台十分必要。该平台可以实现“多测合一”“多规合一”“湿地资源一张图”的功能。随着遥感传感器的性能提升，遥感数据市场的产品种类更加多样，因此在进行湿地资源调查时对所使用数据源应该进行规范，制定多种数据源调查成果的转化标准。同时对现有湿地遥感分类、调查规范进行完善，实现调查过程的可操作化。在统一规范、统一数据源的基础上，优化湿地资源调查成果的质量控制、成果验收和成果入库。政府职能部门、高校、科研院所可以通过申请、采购的形式获取湿地资源调查数据，完成相关湿地专题研究及湿地资源保护方案的制定。

8.2　优化湿地资源监测体系

高效精准的湿地资源监测体系对于湿地资源保护至关重要，目前四川高寒湿地资源监测主体以设立自然保护区的形式进行。四川高寒湿地资源储量多且分布广泛，截至 2018 年 10 月，川西地区省级湿地自然保护区仅有 7 个。这说明，仅仅通过设立湿地自然保护区的形式进行湿地资源监测是不充分的，应该建立保护区加属地联动的湿地监测体系。对于四川高寒湿地进行分类管理，尤其对分布范围较小、抗外部干扰能力差的湿地，应该加强属地联动监测。可以借鉴我国地方河流管理制度，将湿地监测落实到乡、村、人，对“濒危”湿地面积、水位、动植物等主要指标进行监测。此外，对于人员无法到达且属于重点监测的河流、湖泊、沼泽湿地，应该建立地面自动水文监测传感器，构建多源遥感水文监测中心。湿地水文监测数据可对湿地资源调查结果的验证和湿地资源保护方法的制定提供支持。

8.3　协调湿地保护与经济发展

在完善的湿地资源监测体系、精确湿地调查成果分析的基础上，开展科学的区域发展空间规划也是湿地保护的重要组成部分。川西地区湖泊、河流湿地的变化主要是区域气候变化驱动，而沼泽湿地变化除鼠害因素外，更多的是农牧业、旅游业发展的影响。通过比对四川高寒典型湿地遥感图斑，可以看出若尔盖、海子山、红原南部等地区近 20 年的路网密度明显增加。因此，协调湿地资源保护和农业、旅游资源开发是职能部门的重点工作内容。参考《全国国土空间规划纲要》川西地区的生态定位，综合分析该地区的资源环境承载能力，充分考虑四川高寒湿地重要生态功能的基础上，开展川西地区的农业、旅游规划。对于农业和旅游资源开发，应该实行一定的生态补偿机制，尤其是农业灌溉、建立旅游公园导致湿地水源补给受到明显影响，应建立常态人工补水方案，给予企业或个人政策及资金支持。此外，应将重点湿地保护及修复工程纳入国民经济建设。

8.4　加强湿地变化成因研究

通过对四川高寒湿地多情景变化模拟研究结果显示，随着 CO_2 排放量和人类活动强度的增加，高寒湿地逐渐向高纬度和高海拔地区演化。这表明四川高寒湿地的变化受到全球气候变化的影响，因此，开展湿地与气候变化研究的全球合作十分重要。四川多所高校和科研院所从 20 世纪 90 年代就已经开始对四川重点湿地资源开展多次调查和研究，取得了较多科研成果，对目前湿地研究起到了关键作用。然而，目前对于四川高寒湿地变化的影响因素研究并不多，因为将川西湿地纳入了青藏高原区系，更多地关注青藏高原湿地变化成因。而四川高寒湿地分布区地处青藏高原东缘，其地形、气候特点、人类活动频次与青藏高原腹地存在差异，故可将其作为一个独立单元进行研究。近 10 年，四川多所高校、科研院所关于四川高寒湿地变化成因研究的项目立项并不多见，所以应该积极主动地开展四川高寒湿地的项目申报工作；加强与国内相关研究机构的合作，加强与相关国际组织的合作，以提高我国在湿地资源调查、保护、规划方面的研究水平。

参考文献

白军红. 中国高原湿地（神奇多彩的中国湿地）[M]. 北京：中国林业出版社，2008.

陈菲莉，颜利，郭洲华. 1989年与2008年泉州湾河口湿地生态环境脆弱性变化的评价研究 [J]. 应用海洋学报，2013，34 (4)：578－588.

陈柯欣，丛丕福，卢伟志，等. CA－Markov与LCM模型的黄河三角洲湿地变化模拟比较 [J]. 地球信息科学学报，2019，21 (12)：1903－1910.

陈西亮. 基于卫星遥感和元胞自动机模型提取深圳滨海湿地动态变化及模拟未来变化情景 [D]. 荆州：长江大学，2015.

陈永富，刘华，邹文涛. 三江源高寒湿地动态变化趋势分析 [J]. 林业科学，2012，48 (10)：70－76.

楚丽霞. 利用遥感卫星数据云平台研究人类活动对沿海环境的影响 [D]. 北京：中国地质大学，2019.

崔保山，刘兴土. 湿地恢复研究综述 [J]. 地球科学进展，1999 (4)：45－51.

崔保山，杨志峰. 湿地学 [M]. 北京：北京师范大学出版社，2006.

崔丽娟，马琼芳，郝云庆. 若尔盖高寒沼泽植物群落与环境因子的关系 [J]. 生态环境学报，2013，22 (11)：1749－1756.

邓茂林，田昆，段宗亮，等. 高原湿地若尔盖国家级自然保护区景观变化 [J]. 山地学报，2010，28 (2)：240－246.

董李勤，杨文，姚鹏举，等. 若尔盖高原湿地木里苔草生理生态特征对水深梯度的响应 [J]. 生态学报，2020 (2)：590－598.

杜际增，王根绪，杨燕，等. 长江黄河源区湿地分布的时空变化及成因 [J]. 生态学报，2015，35 (18)：6173－6182.

杜敬. 基于深度学习的湖泊湿地信息提取及其时空演变特征研究 [D]. 南昌：东华理工大学，2017.

杜卫平，徐晓龙，王宁宁，等. 基于NDVI的巴音布鲁克天鹅湖高寒湿地地上生物量的反演新 [J]. 新疆农业大学学报，2019，42 (6)：451－457.

方川. 基于深度强化学习的无人驾驶车道保持决策的研究 [D]. 南京：南京大学，2019.

冯晓莉，申红艳，李万志，等. 1961—2017 年青藏高原暖湿季节极端降水时空变化特征 [J]. 高原气象，2020，39（4）：694－705.

顾城天，罗彬，王恒，等. 若尔盖高原湿地水质演变特征及氮磷累积效应 [J]. 水土保持研究，2020（4）：47－53.

郭彦龙，李新，赵泽芳，等. 黑河流域胡杨适宜生境分布模拟 [J]. 中国科学：地球科学，2019（49）：537－553.

国家林业局调查规划设计院. 重要湿地监测指标体系（GB/T 27648－2011）[S]. 北京：中国标准出版社，2011.

国家林业和草原局. 湿地分类（GB/T 24708—2009）[S]. 北京：林业出版社，2009.

侯蒙京，高金龙，葛静，等. 青藏高原东部高寒沼泽湿地动态变化及其驱动因素研究 [J]. 草业学报，2020，29（1）：13－27.

侯蒙京，殷建鹏，葛静，等. 基于随机森林的高寒湿地地区土地覆盖遥感分类方法研究 [J]. 农业机械学报，2020，51（7）：220－227.

黄安书，邓章文. 贵南高铁对澄江国家湿地公园生态环境的影响分析 [J]. 安徽农学通报，2020，26（13）：149－150.

姜永见，李世杰，沈德福. 青藏高原近 40 年来气候变化特征及湖泊环境响应 [J]. 地理科学，2012，32（12）：1500－1512.

井云清，张飞，张月. 基于 CA－Markov 模型的艾比湖湿地自然保护区土地利用/覆被变化及预测 [J]. 应用生态学报，2016，26（11）：3650－3658.

李斌，董锁成，江晓波，等. 若尔盖湿地草原沙化驱动因素分析 [J]. 水土保持研究，2008，15（3）：112－120.

李德仁，张良培，夏桂松. 遥感大数据自动分析与数据挖掘 [J]. 测绘学报，2014，43（12）：1211－1216.

李飞，刘振恒，贾甜华，等. 高寒湿地和草甸退化及恢复对土壤微生物碳代谢功能多样性的影响 [J]. 生态学报，2018，38（17）：1－30.

李金晶，任小凤，董莹莹. 若尔盖湿地年径流序列趋势识别研究 [J]. 水利规划与设计，2014（7）：50－52.

李娜娜，高飞，魏圣钊，等. 四川省湿地类型变化的自然—社会经济驱动力分析 [J]. 生态学报，2020，40（16）：5502－5512.

李伟. 基于多角度高光谱 CHRIS 数据的湿地信息提取技术研究 [D]. 北京：

中国林业科学研究院，2011.
李伟娜，韦玮，张怀清，等. 基于多角度高光谱数据的高寒沼泽湿地植被生物量估算 [J]. 遥感应用技术，2017，32 (5)：809−817.
李晓明，黄冰清，贾童，等. 星载合成孔径雷达海洋遥感与大数据 [J]. 南京信息工程大学学报（自然科学版），2020，12 (2)：191−203
廖丹霞. 洞庭湖湿地生态环境演变及其对候鸟栖息地的 [D]. 长沙：湖南师范大学，2014.
林英. 四川地方志联合目录 [M]. 成都：西南交通大学出版社，2018.
刘冬，王涛，沈渭寿，等. 近30年雅鲁藏布江流域高寒湿地动态变化及其对气候变化的响应 [J]. 生态与农村环境学报，2016，32 (2)：243−251.
刘建平. Max Ent 最大熵模型原理解析 [EB/OL]. [2016−11−23]. http://www.cnblogs.com/pinard/p/6093948.html.
刘超，霍宏亮，田路明，等. 不同气候情景下木梨潜在地理分布格局变化的预测 [J]. 应用生态学报，2020，31 (12)：97−103.
刘厚田. 湿地生态环境 [J]. 生态学杂志，1996，15 (1)：75−78.
刘焕军，盛磊，于胜男，等. 基于气候分区与遥感技术的大兴安岭湿地信息提取 [J]. 生态学杂志，2017，36 (7)：2068−2076.
刘甲红，胡潭高，潘骁骏，等. 基于 Markov−CLUES 耦合模型的杭州湾湿地多情景模拟研究 [J]. 生态环境学报，2018，27 (7)：1359−1368
刘世存，王欢欢，田凯，等. 白洋淀生态环境变化及影响因素分析 [J]. 农业环境科学学报，2020，39 (5)：1060−1069.
刘雁. 吉林省西部湿地时空动态变化的气候水文效应及情景模拟研究 [D]. 长春：东北师范大学，2015.
刘志伟，李胜男，韦玮，等. 近三十年青藏高原湿地变化及其驱动力研究进展 [J]. 生态学杂志，2019，38 (3)：856−962
陆宣承，文军，田辉，等. 若尔盖高寒湿地—大气间水热交换湍流通量的日变化特征分析 [J]. 高原气象，2020 (4)：719−728.
吕子鹤，丁松爽，卢瑞琳. 中国农作物气候适宜性研究进展 [J]. 中国农学通报，2020，36 (24)：78−84.
麦克. 基于 GEE 的非洲湿地分类 [D]. 长春：吉林大学，2019.
毛晓茜. 洞庭湿地生态环境健康评价 [J]. 四川环境，2020，5 (39)：101−104.
孟祥锐，张树清，臧淑英. 基于卷积神经网络和高分辨率影像的湿地群落遥感分类 [J]. 地理科学，2018，38 (11)：1914−1923.

孟祥锐. 基于深度学习的淡水湿地遥感精细分类研究 [D]. 哈尔滨：哈尔滨师范大学，2019.

欧美极. 基于 GIS 和 CLUE－S 模型的城镇土地利用变化模拟研究 [D]. 淮南：安徽理工大学，2016.

青海省市场监督管理局. 高寒湿地遥感分类技术指南（DB63/T 1746—2019）[S]. 西宁：青海省人民出版社，2019.

邵秋芳. 川西北林草交错区生态环境遥感监测与生态错若行时空变化驱动力研究 [D]. 成都：成都理工大学，2019.

沈占锋，李均力，于新菊. 基于协同计算的白洋淀湿地时序水体信息提取 [J]. 地球信息科学学报，2016，18（5）：690－698.

孙飞达，李飞，陈文业，等. 若尔盖退化高寒湿地土壤理化性质、酶活性及微生物群落的季节动态 [J]. 生态学报，2020（7）：2396－2406.

孙广友. 中国湿地科学的进展与展望 [J]. 地球科学进展，2000，15（6）：666－672.

孙鸿烈，郑度，姚檀栋，等. 青藏高原国家生态安全屏障保护与建设 [J]. 地理学报，2012，67（1）：3－12.

孙志高，刘景双，李彬. 中国湿地资源的现状、问题与可持续利用对策 [J]. 干旱区资源与环境，2006，20（2）：83－88.

汪小钦，石义方，魏兰，等. 福州海岸带湿地分类与变化的遥感分析 [J]. 地球信息科学学报，2014，16（5）：833－838.

王国峥，耿其芳，肖孟阳，等. 基于 4 种生态位模型的金钱松潜在适生区预测 [J]. 生态学报，2020，40（17）：6096－6104.

王海军，孔祥冬，张勃. 空间统计模型在土地利用与覆被变化模拟中的应用 [J]. 科学技术与工程，2016，16（15）：139－143.

王贺年，张曼胤，崔丽娟，等. 基于 DPSIR 模型的衡水湖湿地生态环境质量评价 [J]. 湿地科学，2019，17（2）：194－198.

王乃梁，罗来兴. 中国自然地理 [M]. 北京：科学出版社，1980.

王晴晴. 环巢湖湿地生态环境动态变化趋势研究 [D]. 合肥：安徽农业大学，2017.

王荣军. 基于 GIS 和 RS 的张掖北郊湿地生态环境质量评价 [D]. 兰州：兰州大学，2012.

王兴菊. 寒区湿地演变驱动因子及其水文生态响应研究 [D]. 大连：大连理工大学，2008.

王燕，赵志中，乔彦松，等．若尔盖45年来的气候变化特征及其对当地生态环境的影响［J］．地质力学学报，2005，11（4）：328－340.

魏伟．基于CLUE－S和MCR模型的石羊河流域土地利用空间优化配置研究［D］.兰州：兰州大学，2018.

温庆可，张增祥，徐进勇，等．渤海滨海湿地时空格局变化遥感监测与分析［J］.遥感学报，2011，15（1）：193－200.

夏热帕提·阿不来提，刘高焕，等．基于遥感与GIS技术的黄河宁蒙河段洪泛湿地生态环境脆弱性定量评价［J］．遥感技术与应用，2019，34（4）：874－885.

向莹．红碱淖湿地生态环境变化与遗鸥数量变化的耦合关系［D］．西安：西北大学，2016.

谢高地，鲁春霞，冷允法，等．青藏高原生态资产的价值评估［J］．自然资源学报，2003，18（2）：189－196.

徐菲．西藏多庆错流域高寒湿地生态环境演化［D］．成都：成都理工大学，2017.

闫立娟，齐文．青藏高原湖泊遥感信息提取及湖面动态变化趋势研究［J］．地球学报，2012，33（1）：65－74.

严婷婷．北温带落叶阔叶森林沼泽遥感识别及其群落特征分析［D］．长春：东北师范大学，2014.

杨永兴．国际湿地科学研究进展和中国湿地科学研究优先领域与展望［J］．地球科学进展，2002，17（4）：508－513.

姚檀栋．青藏高原水—生态—人类活动考察研究揭示“亚洲水塔”的失衡及其各种潜在风险［J］．科学通报，2019，64（27）：2761－2762.

殷书柏，李冰，沈方．湿地定义研究进展［J］．湿地科学，2014（4）：504－514.

殷书柏，吕宪国，武海涛．湿地定义研究中的若干理论问题［J］．湿地科学，2010（2）：182－188.

应奎，李旭东，程东亚．岩溶槽谷流域生态环境质量的遥感评定［J］．国土资源遥感，2020（4）：173－182.

袁强．基于生态理论的高原湿地公园规划研究［D］．雅安：四川农业大学，2015.

詹国旗，杨国东，王凤艳，等．基于特征空间优化的随机森林算法在GF－2影像湿地分类中的研究［J］．地球信息科学学报，2018，20（10）：1520－1528.

张浩彬，李俊生，向南平，等．基于MODIS地表反射率数据的水体自动提取研究［J］．遥感技术与应用，2015（30）：1160－1167.

张华兵．自然和人为影响下海滨湿地景观演变特征与机制研究［D］．南京：南京师范大学，2013.

张露凝．黄河三角洲湿地生态环境脆弱性评价及演变特性研究［D］．郑州：华北水利水电大学，2017.

张美美，张荣群，郝晋珉，等．基于ANN－CA的银川平原湿地景观演化驱动力情景模拟分析［J］．地球信息科学学报，2013，16（3）：418－425.

张舒昱，李兆富，徐锋，等．基于多时相无人机遥感影像优化河口湿地景观分类［J］．生态学杂志，2020，39（9）：356－366.

赵晶．基于RS和GIS的额尔古纳河湿地生态环境脆弱性评价［D］．成都：西南交通大学，2016.

赵魁义．中国沼泽志［M］．北京：科学出版社，1999.

赵志龙，张镱锂，刘林山，等．青藏高原湿地研究进展［J］．地理科学进展，2014，33（9）：1218－1230.

赵志龙．羌塘高原湿地信息提取与典型湿地变化分析［D］．西宁：青海师范大学，2014.

中国科学院自然区划工作委员会．中国气候区划［M］．北京：科学出版社，1959.

周林飞．沼泽湿地生态环境及水循环评价研究［D］．大连：大连理工大学，2007.

朱炳海．中国气候［M］．北京：科学出版社，1962.

邹丽玮，牛振国，王华斌，等．基于优选特征及月合成Landsat数据湿地提取研究［J］．地理与地理信息科学，2018，34（3）：80－86.

邹文涛，张怀清，鞠洪波，等．基于决策树的高寒湿地类型遥感分类方法研究［J］.林业科学研究，2011，24（4）：464－469.

Abdulla－Al K，Shahinoor R，Abdullah－Al F，et al. Modelling future land use land cover changes and their impacts on land surface temperatures in Rajshahi，Bangladesh［J］. Remote Sensing Applications：Society and Environment，2020（18）：100314.

Alanna J R，Paul S，Karen J E，et al. Detecting，mapping and classifying wetland fragments at a landscape scale［J］. Remote Sensing Applications：Society and Environment，2017（8）：212－223.

Aleksandar R, Robert P A. Making better Maxent models of species distributions: complexity, overfitting, and evaluation [J]. Journal of Biogeography, 2014 (41): 629−643.

Alessandro S, Graeme M H, Forrest R S, et al. High−resolution gridded population datasets for Latin America and the Caribbean in 2010, 2015, and 2020 [J]. Scientific Data, 2015: 150045.

Amir A, Mohammad H G. Prediction of spatial land use changes based on LCM in a GIS environment for Desert Wetlands−A case study: Meighan Wetland, Iran [J]. International Soil and Water Conservation Research, 2019 (7): 64−70.

Baatz M, Schäpe A. Multiresolution segmentation: an optimization approach for high quality multi−scale image segmentation [J]. Angewandte Geographische Informationsverarbeitung XII, 2000 (58): 12−23.

Bart S, Nandin−Erdene T, AndreasV, et al. Mapping wetland characteristics using temporally dense Sentinel−1and Sentinel−2 data: A case study in the St. Lucia wetlands, South Africa [J]. International Journal of Applied Earth Observation and Geoinformation, 2020 (86): 102009.

Belbin L. Comparing two sets of community data: a method for testing reserve adequacy [J]. Australian Journal of Ecology, 1992, 17 (3): 255−262.

Belward, Alan S. High−resolution mapping of global surface water and its long−term changes [J]. Nature, 2016, 540 (7633): 418−422.

Blaschke T, Hay G J, Kelly M, et al. Geographic Object Based Image Analysis−Towards a new paradigm [J]. ISPRSJ. Photogram. Remote Sens, 2014 (87): 180−191.

Bunting P, Clewley D, Lucas R M, et al. The Remote Sensing and GIS Software Library (RS GIS Lib) [J]. Computers & Geosciences, 2014 (62): 216−226.

Busby J R. 1991. BIOCLIM: a bioclimate analysis and prediction system [M] //Margules C R, Austin M P. Nature Conservation: cost effective biological surveys and data analysis. Melbourne: CSIRO, 1991: 64−68.

Busby J R. Bioclim: a Bioclimate analysis and prediction system [J]. Plant Protection Quarterly, 1991, 6 (1): 8−9.

Cao L, Fox A D. Birds and people both depend on China′s wetlands [J]. Nature, 2009 (460): 173.

Carpenter G，Gillison A N，Winter J. DOMAIN：a flexible modelling procedure for mapping potential distributions of plants and animals [J]. Biodiversity and Conservation，1993，2 (6)：667－680.

Chih－Wei H，Chih－Chung C，Chih－Jen L. A Practical Guide to Support Vector Classification [EB/OL]. [2020－05－06]. https://www. csie. ntu. edu. tw/～cjlin/papers/guide/guide. pdf.

Chmura G L，Anisfeld S C，Cahoon D R. et al. Global carbon sequestration in tidal，saline wetland soils [J]. Global Biogeochemical Cycles，2003，17 (4)：1111.

Chu H S，Sergey V，Wu C，et al. NDVI－based vegetation dynamics and its response to climate changes at Amur－Heilongjiang River Basin from 1982 to 2015 [J]. Science of The Total Environment，2018 (650)：2051－2062.

CJC Burges. A tutorial on support vector machines for pattern recognition [J]. Data Mining and Knowledge Discovery，1998，2 (2)：121－167.

Copernicus Climate Change Service (C3S) . ERA5：Fifth generation of ECMWF atmospheric re－analyses of the global climate [EB/OL]. [2021－02－01]. https://www. ecmwf. int/en/forecasts/datasets/reanalysis－datasets/era5.

Courtney A，Di V，Aris P G. Land cover classification and wetland inundation mapping using MODIS [J]. Remote Sensing of Environment，2018 (204)：1－17.

Da S，Torquato M F，Fernandes M A C. Parallel implementation of reinforcement learning Q－learning technique for FPGA [J]. IEEE Access，2019：1782－2798.

Daniel C W，Benjamin F Z，Martha C A，et al. Monthly flooded area classification using low resolution SAR imagery in the Sudd wetland from 2007 to 2011 [J]. Remote Sensing of Environment，2017 (194)：205－218.

Das P K，Sahay B，Seshasai M V R，et al. Generation of improved surface moisture information using angle－based drought index derived from Resourcesat－2A WiFS for Haryana state [J]. Geomatics Natural Hazards & Risk，2017 (8)：271－281.

David G. Big data [J]. Nature，2008，455 (7209)：1－136.

Davis L S，Rosenfeld A，Weszka J S. Region extraction by averaging and thresholding [J]. IEEE Transactions on Systems Man Cybernetics － Systems，1975：383－388.

Deriche M，Amin，A，Qureshi M. Color image segmentation by combining the convex active contour and the ChanVese model [J]. Pattern Analysis and Applications，2017：1−15.

DrăguţL，Csillik O，Eisank C，et al. Automated parameterization for multi−scale image segmentation on multiple layers [J]. ISPRS Journal of Photogrammetry and Remote Sensing，2014（88）：119−127.

DrăguţL，Tiede D，Levick S. ESP：a tool to estimate scale parameters for multiresolution image segmentation of remotely sensed data [J]. International Journal of Geographical Information Science，2010（24）：859−871.

Elijah M M，Wanda，Bhekie B M，et al. Determination of the health of Lunyangwa wetland using wetland classification and risk assessment index [J]. Physics and Chemistry of the Earth，2016（92）：52−60.

ESA. About ESA [EB/OL]. [2020−02−01]. https://www. esa. int/.

Europe Copernicus. Climate Data Store（CDS）[EB/OL]. [2021−02−01]. https://cds. climate. copernicus. eu/cdsapp#!/home.

Fang−fang Z，Bing Z，Jun−sheng L，et al. Comparative analysis of automatic water identification method based on multispectral Remote Sensing [J]. Procedia Environmental Sciences，2011（11）：1482−1487.

Funk，Chris，Pete P，et al. The climate hazards infrared precipitation with stations − a new environmental record for monitoring extremes [J]. Scientific Data，2015（2）：150066.

Azzari G，Lobell D B. Landsat − based classification in the cloud：an opportunity for a paradigm shift in land cover monitoring [J]. Remote Sensing of Environment，2017（202）：64−74.

Gao B C. NDWI−A normalized difference water index for remote sensing of vegetation liquid water from space [J]. Remote Sensing of Environment，1996（58）：257−266.

Gaughan A E，Stevens F R，Linard C，et al. High resolution population distribution maps for Southeast Asia in 2010 and 2015 [J]. PLoS ONE，2013，8（2）：e55882.

GitHub. Git Code Hosting Platform [EB/OL]. [2020−04−08]. https://github. com/.

Gocic M，Trajkovic S. Analysis of changes in meteorological variables using

Mann－Kendall and Sen′s slope estimator statistical tests in Serbia [J]. Global and Planetary Change，2013 (100)：72－182.

Google Earth Engine. Tensor Flow Model [EB/OL]. [2020－06－06]. https://www. tensorflow. org/.

Google Earth Engine. Tutorial [EB/OL]. [2020－05－28]. https://developers. google. com/earth－engine/tutorials/community/nonparametric－trends#mann－kendall_trend_test.

Gorelick N，Hancher M，Dixon M，et al. Google Earth Engine：Planetary－scale geospatial analysis for everyone [J]. Remote Sensing of Environment，2017 (202)：18－27.

Grizonnet M，Michel J，Poughon V，et al. Orfeo ToolBox：open－source processing of remote sensing images [J]. Open Geospatial Data Software and Standards，2017 (2)：15.

Gu Z J，Duan X W，Shi Y D，et al. Spatiotemporal variation in vegetation coverage and its response to climatic factors in the Red River Basin，China [J]. Ecological Indicators，2018 (93)：53－64.

Haralick R M. Edge and region analysis for digital image data [J]. Image Modeling，1981：171－184.

Hay G J，Castilla G. Geographic Object－Based Image Analysis (GEOBIA)：a new name for a new discipline [M] //Blaschke T，Lang S，Hay G J. Object－Based Image Analysis：spatial concepts for knowledge－driven remote sensing applications. Berlin：Springer Science& Business Media，2008：75－90.

Heather R，Mattias N，Karin N，et al. Combining airborne laser scanning data and optical satellite data for classification of alpine vegetation [J]. International Journal of Applied Earth Observation and Geoinformation，2014，27 (A)：81－90.

Heidivan D，Moses A C，Onisimo M. Multi－season Rapid Eye imagery improves the classification of wetland and dry land communities in a subtropical coastal region [J]. ISPRS Journal of Photogrammetry and Remote Sensing，2019 (157)：171－187.

Hinton G E，Salakhutdinov R R. Reducing the dimensionality of data with neural networks [J]. Science，2006，313 (5786)：504－507.

Hutchinson G E. The ecological theatre and the evolutionary play [M]. New Haven: Yale University Press, 1995.

International Union for Conservation of Nature, Iucn Species Survival Commission, International Union for Conservation of Nature. IUCN Red List categories and criteria [M]. Gland: IUCN, 2001.

Jaime L T, Antonio G, Gonzalo J, et al. New insights into Holocene hydrology and temperature from lipid biomarkers in western Mediterranean alpine wetlands [J]. Quaternary Science Reviews, 2020 (240): 1-18.

Jean-Francois P, Andrew C, Noel G, et al. Belward. High-resolution mapping of global surface water and its long-term changes [J]. Nature, 2015 (540): 418-422.

Kathrin W, Rene H, Jonas F, et al. Wetland extent tools for SDG 6. 6. 1 reporting from the Satellite-based Wetland Observation Service (SWOS) [J]. Remote Sensing of Environment, 2020 (247): 11892.

Kerem S, Ulusoy I. Automatic multi-scale segmentation of high spatial resolution satellite images using watersheds [M] //Geoscience and Remote Sensing Symposium (IGARSS). IEEE International, 2013: 2505-2508.

Lemly A D, Kingsford R T, Thompson J R. Irrigated agriculture and wildlife conservation: conflict on a global scale [J]. Environmental Management, 2000, 25 (5): 485-512.

Leo B, Jerome F, Charles J S, et al. Classification and Regression Trees [M]. London: Taylor & Francis, 2001.

Leo B. Radom Forest [J]. Machine Learning, 2001, 45 (1): 5-32.

Linard C, Gilbert M, Snow R W, et al. Population distribution, settlement patterns and accessibility across Africa in 2010 [J]. PLoS ONE, 2012, 7 (2): e31743.

LISA lab. Deep Learning Model [EB/OL]. [2020-04-08]. http://www.deeplearning.net/software/theano/index.html.

Koppel M, Argamon S, Shimoni A. Bayesian multinomial logistic regression for author identification [J]. Literary and Linguistic Computing, 2004, 17 (4): 401-412.

Schertz M, Michel H, Barci-Funel G, et al. Transuranic and fission product contamination in lake sediments from an alpine wetland, Boréon (France) [J]. Journal of Environmental Radioactivity, 2006, 85 (2): 380-388.

MarianaT, Liliana P, Roberto M, et al. Hybrid spatiotemporal simulation of future changes in open wetlands: A study of the Abitibi−Témiscamingue region, Québec, Canada [J]. International Journal of Applied Earth Observation and Geoinformation, 2019 (74): 302−313.

Martin D R, Fowlkes C C, Malik J. Learning to detect natural image boundaries using local brightness and texture cues [J]. IEEE Transactions on Pattern Analysis and Machine Intelligence, 2004 (26): 1−20.

Masoud M, Bahram S, Fariba M, et al. Random forest wetland classification using ALOS−2 L−band, RADARSAT−2C−band, and Terra SAR−X imagery [J]. ISPRS Journal of Photogrammetry and Remote Sensing, 2017 (130): 13−31.

Masoud M, Bahram S, Farib M, et al. Fisher Linear Discriminant Analysis of coherency matrix for wetland classi? cation using Pol−SAR imagery [J]. Remote Sensing of Environment, 2018 (206): 300−317.

Masoud M, Bahram S, Farib M, et al. Random forest wetland classification using ALOS−2 L−band, RADARSAT−2 C−band, and Terra SAR−X imagery [J]. ISPRS Journal of Photogrammetry and Remote Sensing, 2019 (30): 13−31.

McFeeters S K. The use of the Normalized Difference Water Index (NDWI) in the delineation of open water features [J]. International Journal of Remote Sensing, 1996 (17): 1425−1432.

Meisam A, Bahram S, Sahel M, et al. Spectral analysis of wetlands using multi−source optical satellite imagery [J]. ISPRS Journal of Photogrammetry and Remote Sensing, 2018 (144): 119−136.

Microsoft Azure. CNTK−FAQ [EB/OL]. [2020−02−01]. https://docs.microsoft.com/en−us/cognitive−toolkit/CNTK−FAQ.

Mitra S, Wassmann R, Vlek P L G. An appraisal of global wetland area and its organic carbon stock [J]. Current Science, 2005, 88 (1): 25−35.

Monika M, Piotr P, Marcin S, et al. Plant response to N availability in permafrost−affected alpine wetlands in arid and semi−arid climate zones [J]. Science of the Environment, 2020 (721): 1−10.

Morell O, Fried R. On Nonparametric Tests for Trend Detection in Seasonal Time Seriesa [M] //Schipp B, Kr? er W. Statistical Inference, Econometric Analysis and Matrix Algebra. Heidelberg: Physica−Verlag

HD，2009.

MXNET. Mxnet Software [EB/OL]. [2020－04－08]. http://mxnet.incubator.apache.org/.

Myers N，Mittermeier R A，Mittermeier C G，et al. Biodiversity hotspots for conservation priorities [J]. Nature，2000 (403)：853.

NASA. About NASA [EB/OL]. [2020－02－01]. https://www.nasa.gov/.

NASA. FAQ [EB/OL]. [2020－04－08]. https://www.jpl.nasa.gov/events/faq/.

Noel G，Matt H，Mike D，et al. Google Earth Engine：Planetary－scale geospatial analysis for everyone [J]. Remote Sensing of Environment，2017 (202)：18－27.

Pennings S C. The big picture of marsh loss [J]. Nature，2012 (490)：352.

Phillips S J，Anderson R P，Schapire R E. Maximum entropy modeling of species geographic distribution [J]. Ecological Modelling，2006，190 (3)：231－259.

Pohl C，VanGenderen J L. Multi－sensor image fusion in remote sensing：concepts，methods and applications [J]. International Journal of Remote Sensing，1998，19 (5)：823－854.

Pohlert. Non－Parametric Trend Tests and Change－Point Detection [EB/OL]. [2020－06－18]. https://cran.r－project.org/web/packages/trend/vignettes/trend.pdf.

Pontius R G，Schneider L C. Land－cover change model validation by an ROC method for the Ipswich watershed，Massachusetts，USA [J]. Agriculture，Ecosystems & Environment，2001，85 (1－3)：239－248.

Pu R，Landry S. A comparative analysis of high spatial resolution IKONOS and WorldView－2 imagery form aping urban tree species [J]. Remote Sens. Environ，2012 (124)：516－533.

McInnes R J，Davidson N C，C. P. Rostron，et al. A Citizen Science State of the World's Wetlands Survey [J]. Wetlands，2020 (40)：1577－1593.

Brand R F，duPreez P J Brown L R. High altitude montane wetland vegetation classification of the Eastern Free State，South Africa [J]. South African Journal of Botany，2013 (88)：223－236.

Ramsar Convention Secretariat. 2018. Global wetland outlook [R]. Ramsar, 2−84.

Ramsar. The Ramsar Convention Manual (6th Edition) [DB/OL]. [2013−09−05]. https://www.ramsar.org/sites/default/files/documents/library/manual 6−2013−e.pdf.

Rogers A S, Kearney M S. Reducing signature variability in unmixing coastal marsh Thematic Mapper scenes using spectral indices [J]. International Journal of Remote Sensing, 2004 (25): 2317−2335.

Rosenqvist A, Finlayson C M, Lowry J, et al. The potential of long−wavelength satellite−borne radar to support implementation of the Ramsar Wetlands Convention [J]. Aquatic Conservation: Marine and Freshwater Ecosystems, 2007, 17 (3): 229−244.

Saheba B, Laurence G, Shane R, et al. Mapping vegetation communities inside wetlands using Sentinel−2 imagery in Ireland [J]. International Journal of Applied Earth Observation and Geoinformation, 2020 (88): 102083.

Sandipta D, Swades P. Wetland delineation simulation and prediction in deltaic landscape [J]. Ecological Indicators, 2020 (108): 105757.

Satyajit P, Swades P. Predicting wetland area and water depth of Ganges moribund deltaic parts of India [J]. Remote Sensing Applications: Society and Environment, 2020 (19): 100338.

Satyajit P, Swades P. Predicting wetland area and water depth of Ganges moribund deltaic parts of India [J]. Remote Sensing Applications: Society and Environment, 2020119: 100338.

Savitzky A, Golay M J E. Smoothing and differentiation of data by simplified least squares procedures [J]. Analytical Chemistry, 1964 (36): 1627−1639.

Scott D A. The Black−necked Cranes Grus nigricollis of Ruoergai Marshes, Sichuan, China [J]. Bird Conservation International, 1993 (3): 245−259.

Sen. Estimates of the Regression Coefficient Based on Kendall's Tau [J]. Journal of the American Statistical Association, 1968, 63 (324).

Shen L, Li C. Water Body Extraction from Landsat ETM+ Imagery using Ada−boost algorithm [C]. Beijing: Proceedings of 18th International Conference on Geoinformatics, 2010: 1−4.

Silver D, Richard S. Sutton, Muller M. Reinforcement learning of local shape in the game of Go [C]. Hyderabad: Proceedings of the 20th International Joint Conference on Artificial Intelligence, 2007: 1053-1058.

Sophie T, Iryna D, Nicholas D. Spectral vegetation indices of wetland greenness: Responses to vegetation structure, composition, and spatial distribution [J]. Remote Sensing of Environment, 2019 (234): 111467.

Stephen V, Stehman. Selecting and interpreting measures of thematic classification accuracy [J]. Remote Sensing of Environment, 1997, 62 (1): 77-89.

Philips S J. A brief tutorial on MaxEnt [EB/OL]. [2019-12-15]. http://biodiversityinformatics. amnh. org/open _ source/maxent/.

Philips S J, Anderson R P, Miroslav D, et al. Opening the black box: an open-source release of MaxEnt [J]. Ecography, 2017 (40): 887-890.

Stockwel D R B. Genetic algorithms Ⅱ - Machine learning methods for ecological applications [M]. New York: Springer US, 1999.

Su T, Zhang S.. Multi-scale segmentation method based on binary merge tree and class label information [J]. IEEE Access, 2018 (6): 17801-17816.

Ramachandra T V, Setturu B, Nimish G. Modelling landscape dynamics with LST in protected areas of Western Ghats, Karnataka [J]. Journal of Environmental Management, 2018 (206): 1253-1262.

Tang Z G, Ma J H, Peng H H, et al. Spatiotemporal changes of vegetation and their responses to temperature and precipitation in upper Shiyang river basin [J]. Advances in Space Research, 2018, 60 (15): 969-979.

Tao L, Abd - Elrahman A. Multi - view object - based classification of wetland land covers using unmanned aircraft system images [J]. Remote Sensing of Environment, 2018 (216): 122-138.

Tao P, Chi Z, Wenhui K, et al. Large-scale rain-fed to paddy farmland conversion modified land-surface thermal properties in Cold China [J]. Science of the Total Environment, 2020: 137917.

Tehrany M S, Pradhan B, Jebuv M N. A comparative assessment between object and pixel-based classification approaches for land use/land cover mapping using SPOT 5 imagery [J]. Geocarto International, 2014 (29): 351-369.

Theil H. A rank - invariant method of linear and polynomial regression analysis [M] //Raj B, Koerts J. Henri Theil's Contributions to Economics and Econometrics. Dordrecht: Springer, 1992: 23.

Torch. Torch－who we are [EB/OL]. [2020－04－08]. http://torch. ch/whoweare. html.

Tou J T, Gonzalez R C. Pattern Recognition Principles [M]. Massachusetts: Addison－Wesley Publishing Company, 1974.

Tucker C J. Red and photographic infrared linear combinations for monitoring vegetation [J]. Remote Sensing of Environment, 1979 (8): 127－150.

USGS. FAQ [EB/OL]. [2020－04－08]. https://www. usgs. gov/faq/about－usgs.

USGS. USGS－Earth explore system [EB/OL]. [2020－06－06]. https://www. usgs. gov/land－resources/nli/landsat.

Wang H, Peng P, Kong X, et al. Vegetation dynamic analysis based on multisource remote sensing data in the east margin of the Qinghai－Tibet Plateau, China [J]. Peer J, 2019 (8223): 1－26.

Wei W, Alim S, Jilili A, et al. Quantifying the influences of land surface parameters on LST variations based on Geo－Detector model in Syr Darya Basin, Central Asia [J]. Journal of Arid Environments, 2021 (186): 104415.

Wouter L, John W. Dealing with Big Data [J]. Science, 2011, 331 (6108): 639－806.

Xiao D R, Tian B, Tian K, et al. Landscape patterns & their changes in Sichuan Ruoergai Wetland National Nature Reserve [J]. Acta Ecologica Sinica, 2010 (30): 27－32.

Xu H Q. Modi? cation of normalized difference water index (NDWI) to enhance open water features in remotely sensed imagery [J]. International Journal of Remote Sensing, 2006 (27): 3025－3033.

Yan P, ZHANG Y J, Yuan Z. A Study on Information Extraction of Water System in Semi－arid Regions with the Enhanced Water Index (EWI) and GIS Based Noise Remove Techniques [J]. Remote Sensing Information, 2007 (6): 1－14.

Yang J, He Y, Caspersen J. Region merging using local spectral angle thresholds: A more accurate method for hybrid segmentation of remote sensing images [J]. Remote Sensing of Environment, 2017 (190): 137－148.

Yangqing J, Evan S, Jeff D, et al. CAFFE: Convolutional Architecture for

Fast Feature Embedding [J]. IEEE ACM，2014：675－678.

Yavuz S G. Multiple sen－innovative trend analyses and partial Mann－Kendall test [J]. Journal of Hydrology，2018 (566)：685－704.

Zhang J，Zhang Y，Liu L，et al. Identifying Alpine Wetlands in the Damqu River basin in the source area of the Yangtze River using object－based classification method [J]. Journal of Resources and Ecology，2011，2 (2)：186－192.

Zhang Y J. An Overview of Image and Video Segmentation in the Last 40 Years [M] //Zhang Y J. Advances in image and video segmentation [M]. Pennsylvania：IRM Press，2006.

Zhou H，Kong H，Wei L，et al. On Detecting Road Regions in a Single UAV Image [J]. IEEE Transactions on Intelligent Transportation Systems，2016 (18)：1713－1722.

Zikopoulos P C，Eaton C，Deroos D，et al. Understanding of Big Data [M]. New York：Mc Graw Hill，2012.

Zou Z，Dong J，Menarguez M A，et al. Continued decrease of open surface water body area in Oklahoma during 1984－2015 [J]. Science of the Total Environment，2017 (595)：451－460.